荒野传奇

神秘的新疆塔尔巴哈台野生动物

贺振平 撰文 摄影

凤凰出版传媒集团

江苏人民出版社

图书在版编目(CIP)数据

荒野传奇:神秘的新疆塔尔巴哈台野生动物/贺振平著.
—南京:江苏人民出版社,2013.12
ISBN 978-7-214-11425-9

Ⅰ.①荒…　Ⅱ.①贺…　Ⅲ.①野生动物—介绍—新疆
Ⅳ.①Q958.524.5

中国版本图书馆CIP数据核字(2013)第303255号

装帧设计:塔城地区大漠风艺术馆
电脑制作:王永霞
封面题字:刘亚军

书　　　名	荒野传奇:神秘的新疆塔尔巴哈台野生动物
著　　　者	贺振平
责 任 编 辑	王保顶
美 术 编 辑	刘莘莘
出 版 发 行	凤凰出版传媒股份有限公司
	江苏人民出版社
出版社地址	南京市湖南路1号A楼,邮编:210009
出版社网址	http://www.jspph.com
	http://jspph.taobao.com
经　　　销	凤凰出版传媒股份有限公司
照　　　排	南京紫藤制版印务中心
印　　　刷	江苏凤凰盐城印刷有限公司
开　　　本	787 mm × 1092 mm　1/12
印　　　张	20.333
插　　　页	4
字　　　数	350千字
版　　　次	2014年4月第1版　2014年4月第1次印刷
标 准 书 号	ISBN 978-7-214-11425-9
定　　　价	300.00元

(江苏人民出版社图书凡印装错误可向承印厂调换)

作者简介

贺振平，笔名风雪石。

1969年5月生于陕西三原县，现生活在新疆塔城市。

在新疆生活的二十多年岁月里，偶然机缘"天启朴心，魂归自然"。痴迷于田野调查，用相机捕捉并记录塔尔巴哈台、阿尔泰和伊犁河谷原朴的游牧文化、丰富的民俗风情和原生态的野生动物世界。著有图文集《天山猎鹰》、《家园》、《游牧记忆》、《塔城记忆》、《猎鹰》、《荒野传奇：神秘的新疆塔尔巴哈台野生动物》和野生花卉图鉴《生命炫色》等。

获奖作品：

《哈萨克猎鹰》组照获HPA2009第6届国际民俗摄影"人类贡献奖"年赛提名奖。

摄影作品《兔狲》被评为"中国国家地理"首届荒野传奇摄影大赛——哺乳类组银奖。

《准噶尔盘羊》被评为"中国国家地理"首届荒野传奇摄影大赛——哺乳类组优秀奖。

《无题》获第十二届全国当代摄影艺术邀请赛风光摄影类优秀奖。

《寒雪狩猎》获凤凰网中国人文摄影大赛提名奖。

《神秘的哈萨克金雕狩猎》在民俗文化视频网举办的首届"九凤杯"民俗文化摄影摄像大赛中荣获一等奖。

《蓝色的小屋》入选《摄影世界》杂志2012年"尼康奖"读者园地摄影季赛大奖。

《晚秋》荣获由摄影世界杂志社和北京绿森林户外用品商贸公司主办的磐雾杯"秋色任我拍"全国摄影大赛优秀奖。

部分作品被《中国国家地理》、《三联生活周刊》、《旅行家》、《新疆人文地理》、《新疆旅游》等杂志刊登。

作者在塔尔巴哈台山

前些年一次偶然的机会，我与贺振平先生相遇，得知他在过去20多年间一直在新疆伊犁哈萨克自治州，特别是塔城地区做游牧文化田野调查。我的专业是生态人类学，过去30年里在新疆北疆牧区也做过一些游牧特别是游牧民与自然生态环境关系的人类学调查，故而与贺先生一见如故，畅叙良久而不能止。

后蒙他赠送《游牧记忆——图说中国哈萨克传统游牧文化》、《猎鹰——图说中国神秘训鹰文化遗产》两本书，拜读之余，久久不能掩卷，震撼于他的作品表现出的新疆伊犁哈萨克自治州境内地理生态环境中高山、草原和大漠的粗犷壮美及当地哈萨克族、蒙古族传统游牧文化的内在深邃。作者精心拍摄而毫无造作的一幅幅美图，使我深深地沉浸在对自己田野调查所见所闻的回忆之中。

《荒野传奇》是贺振平先生历经八年时间行摄记录编著的又一力作。承蒙他的信任，我有幸作为书稿的第一批读者之一拜读了这部作品。这部作品再次使我感到震撼，于是写下了下面的文字。

位于新疆西北边陲的伊犁哈萨克自治州特别是它管辖下的塔城地区，是一片神奇的土地，这里的草原、荒漠、盆地和高山，构成了一幅有别于新疆其他地区地理生态环境的大美之图。这个地区既有中亚地理生态环境的特点，又有被国际学术界称之为"内亚"（Inner Asia）的地理生态环境特征，它西接哈萨克斯坦东北部，北连俄罗斯的南西伯利亚地区，东靠准噶尔盆地，又是天山和阿尔泰山这两座中亚和内亚地区最重要的高山山脉的交接地带。因此，这里的生物多样性自然有着与国内其他地区所不同的特点，而这个特点在这本书中得到了具体生动地体现，书中大量的动物、鸟类以及它们的栖息地的图片，为读者提供了来自四面八方的生物精灵汇聚一地的祥和图景。

这个地区在历史上又是内亚、中亚多个游牧群体起源、生息和发展的地区之一。铁勒、突厥、契丹、蒙古（准噶尔部）、哈萨克等部族先后在这片大地上游牧，创造了灿烂的游牧文化。后来农耕文化随着外来移民的进入而发展起来，伊犁河谷和塔城盆地成为新疆最重要的"粮仓"之一，清代就有"伊塔熟，新疆足"（"伊"指伊犁河谷，"塔"指塔城盆地）的说法。游牧人和农耕者生活在同一地理生态环境中，按照自己的生计方式利用着生态系统提供给他们的自然资源，通过交换丰富着各自的物质生活和精神生活，游牧文化和农耕文化在这里得到了完美的融合，这里的不同民族地的人们通过各自的生产和生活体验，对这个地区自然生态系统中的各类生物积累了丰富的"本土知识"。这些都在贺振平即将出版的这本书和他过去出版的著作中得到了充分的描写、再现和回放。

《荒野传奇》一书通过图片和文字，反映了作者对上述两个方面独特的认识和见解。这本书不同于一般的动物学和鸟类学著述，这一类著述往往给予读者的是按照"科学分类"的静态描写知识；这本书也不同于一般的民族学著述，这一类著述讲到各个民族的生活时，往往忽视他们的生活与所在地的自然生态环境的复杂关系。贺振平在本书中不仅通过图片展示了自然地理生态系统中的野生动物和鸟类，而且用朴实无华、灵动有趣的语言，记录了当地各个民族人们对这些野生动物和鸟类形成的"本土知识"和他们之间的关系，同时也记录了作者经年累月在田野调查中对这些自然精灵长期观察而积累的感知认识。这本书给读者的一个可能启示是，我们与生于斯、长与斯的地理自然生态区隔的时期太长了，现在应该是思考怎么样与我们同样是生命的其他生物休戚与共的时候了。我想读者们在欣赏这本书中的精美图片和阅读作者源自内心挥就的文字时，会对此有所思考。

　　在当今的新疆，塔城地区似乎是一片"寂静的土地"，与新疆其他地区相比，塔城地区在国内媒体上显得"很安静"，即使新疆本地媒体上对塔城地区的报道也总是有规有矩，有一位媒体人说过："塔城不是一个出重大新闻的地方。"

　　恰恰就是在这片"寂静的土地上"，塔城人形成和发展起了独特的地域文化，这个地域文化，植根于塔城独特的自然地理生态环境，来源于地区多个民族世世代代共生共存的社会，滋润于各个民族文化以及他们之间的互相影响、吸收和融合。就在这个过程中，塔城地区涌现出了一个具有鲜明地域特点、由多民族成员组成的文化人群体，贺振平先生就是其中成果累累的一位。他祖籍陕西，厚重的关中传统文化使他具有了一种对自然，对多种文化欣赏、尊重、执着的态度。贺振平关于新疆和塔城的著述，既不完全是一个"他者"对于迁居地的认识，又不完全是"本土知识"的拷贝，而是一种跨地域、跨文化交流、认识和思考的结果。就我对塔城地域文化的肤浅认识，他取得的成绩，从另外一个方面反映了塔城地域文化中尊重自然、尊重他人，人与自然和谐相处，不同民族与文化互相尊重、影响和交融的文化品格，这对于我们来讲，同样有着许多值得思考的启示。

　　　　　　　　　　　　　　　　　　　　　　　　　　　崔延虎

　　　　　　　　　　　　　　　　　　　　　　　2013年11月9日于新疆师范大学

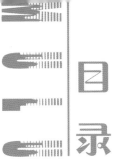

目录

塔尔巴哈台旱獭 …………………………… 002

狗獾 ………………………………………… 004

野猪 ………………………………………… 006

狐狸 ………………………………………… 012

狼 …………………………………………… 014

雪豹 ………………………………………… 016

棕熊 ………………………………………… 018

兔狲 ………………………………………… 020

猞猁 ………………………………………… 022

漫话中国人的鹿情结 ……………………… 026

马鹿 ………………………………………… 029

狍鹿 ………………………………………… 034

梅花鹿与和布克塞尔之名的由来 ………… 036

蒙古野马 …………………………………… 038

蒙古野驴 …………………………………… 042

鹅喉羚（长尾黄羊）……………………… 044

赛加羚羊之殇 ……………………………… 050

北山羊 ……………………………………… 054

盘羊（大头羊）…………………………… 060

雪兔 ………………………………………… 068

塔城"南湖鱼" …………………………… 074

塔城高山冷水"石头鱼" ………………… 076

塔城鸟类 …………………………………… 080

草原珍禽——大鸨 ……………………… 082

雪鸡 ………………………………………… 086

寻拍黑鸡轶事 ……………………………… 091

环颈雉鸡 …………………………………… 098

石鸡 ………………………………………… 104

灰山鹑 ……………………………………… 108

毛腿沙鸡 …………………………………… 112

影话麻雀 …………………………………… 114

鹌鹑 ………………………………………… 118

斑鸠（姑姑等）…………………………… 120

灰斑鸠 ……………………………………… 123

山斑鸠 ……………………………………… 124

岩鸽 ………………………………………… 127

灰雁 ………………………………………… 128

斑头雁 ……………………………………… 134

绿头野鸭 …………………………………… 136

赤麻鸭 ……………………………………… 140

翘鼻麻鸭 …………………………………… 142

赤嘴潜鸭 …………………………………… 143

白眉鸭 ……………………………………… 144

蓑羽鹤 ……………………………………… 146

灰鹤 ………………………………………… 148

苍鹭 ………………………………………… 150

黑鹳……………………………… 152

民间吉祥鸟——喜鹊……………… 156

伯劳……………………………… 159

草原百灵鸟……………………… 160

"黑百灵"——乌鸫………………… 164

蓝喉歌鸲………………………… 166

鹡鸰鸟…………………………… 168

普通夜鹰………………………… 170

夜莺（新疆歌鸲）……………… 171

漫话乌鸦………………………… 172

红嘴山鸦………………………… 176

猫头鹰…………………………… 178

雪鸮……………………………… 182

白尾海雕………………………… 183

塔城草滩拍蛎鹬………………… 184

草原上的捕蝗兵团——椋鸟…… 186

蓝胸佛法僧……………………… 192

黄喉蜂虎………………………… 195

翠鸟……………………………… 196

啄木鸟…………………………… 197

大杜鹃…………………………… 198

戴胜……………………………… 202

榭鸫……………………………… 203

田鹨……………………………… 204

太平鸟…………………………… 206

普通鸬鹚………………………… 208

白鹭……………………………… 210

天鹅……………………………… 211

黑水鸡…………………………… 212

白骨顶鸡………………………… 213

凤头麦鸡………………………… 214

凤头䴙䴘………………………… 216

黑颈䴙䴘………………………… 217

鸟类影像………………………… 218

荒野涉禽………………………… 222

荒野鹰姿………………………… 228

后记……………………………… 234

谨以此书献给塔尔巴哈台美丽的土地和那些难以忘怀的可爱生灵。

——作者题记

【塔尔巴哈台旱獭】

　　塔尔巴哈台，是中国与毗邻国哈萨克斯坦在新疆塔城盆地的北部界山山名。据说元朝时期，成吉思汗西征的军队到达中亚,来到今天的塔尔巴哈台地区时，征战的士兵因缺水少食士气低落，带军的大将伯颜下令捕杀当地数量众多的旱獭饮血解渴。后来"积其皮至万辇，至京师以易缯帛"。清初时关外的驿站统称为"台"，蒙古语称旱獭"塔尔巴哈",因此有了"塔尔巴哈台"的名字。1765年清朝政府在塔尔巴哈台山之阳的楚呼楚建造"绥靖城"，并易其地名"塔尔巴哈台绥靖城"为塔城。简称"塔城"。

　　塔尔巴哈台的地名与旱獭有关，《荒野传奇——神秘的新疆塔尔巴哈台野生动物》一书，就从这与地名有渊源关系的旱獭说起吧。

　　旱獭是一种形似小狗的山地草原哺乳类动物，是中亚高山草原地带的代表物种之一。在新疆有灰旱獭、长尾旱獭及喜玛拉雅

站在石头上的幼旱獭

旱獭三种。

北疆地区栖息的旱獭毛色沙黄，尾短，背毛沙褐，腹部及四肢内侧深棕色，头部多暗色针毛。主要分布在天山2000—3800米的高山草原上，阿尔泰山、准噶尔界山（塔尔巴哈台山、巴尔鲁克山等），从森林下部草原到高山草甸均有旱獭栖息。

旱獭属食草群居动物，冬眠。旱獭因吻短，咬肌发达，门齿长而锐利，前肢粗短有力，极适于挖掘洞穴。旱獭洞分主洞和临时洞两种，主洞多在山坡上、稍高处或河谷陡坎上，里面洞道纵横交错，洞深最长可达10米左右，内有盲洞，可供休息时和临时大小便用。深处的巢室宽敞，内铺干草；临时洞多在山坡凹处或河滩上水草丰盛不易打深洞的滩地，洞较浅，一般不超过二米，每个洞群有多个洞口，用来采食时逃避天敌的伤害，或临时休息使用。

旱獭很机警，遇敌时站在洞口像小狗样鸣叫，警告同类逃避。但在草原牧民眼里，旱獭是公认的敌害，因为它不但争夺牛羊的优良牧草，而且是传播疾病的罪魁祸首。旱獭在挖掘洞穴时堆积的土丘，严重地破坏了草场，所掏挖的洞道又常使草原牧民的马蹄踏空使人马受伤。遍布高山草原的旱獭还是鼠疫的主要携带者和传播者。

而在深秋猎获的旱獭几乎全身是"宝"。它的皮毛经加工后可制成高级裘皮制品，不仅保暖，很长一段时间来还是身份高贵的象征。旱獭油味道香美爽口，作药用可治疗烫伤、冻伤和关节炎。脂肪入药可内治咯血。旱獭肉又称雪猪肉，含有极丰富的蛋白质、脂肪等营养成分，具有祛风功效。清炖旱獭肉，可治疗风湿痹痛、脚膝肿痛、痔疹、便秘等病症。普通人食用能增加营养，健身防病。

其实，旱獭在自然界野生动物食物链中，给鹰、雕、狼、狐和狗熊等动物提供生存的食物，在维持生态平衡和动物生存繁衍方面功不可没。旱獭因生存的海拔和纬度等特点，所打的众多洞穴多在多雨的高山草场，天降暴雨时，这些洞变成天然的排水洞和渗洞，也避免了暴雨期形成的地表洪流侵蚀土壤、导致大面积水土流失的生态恶果。

塔尔巴哈台山森塔斯旱獭

塔尔巴哈台山奔跑的旱獭

狗獾侧面　　　　　　　　　　　　　狗獾正面

【狗獾】

　　至今在塔尔巴哈台的广大农牧区、农牧民之间留传着一个用獾油治疗烧、烫伤，用獾油煎鸡蛋治疗胃溃疡的神奇民间验方。这是在缺医少药的年月和交通极为闭塞的农牧区中大多数农牧民几乎都熟知的偏方，甚至给不少人带来过不错的疗效。这到底是一种什么奇特动物的油呢？

　　这是一种在塔城民间俗称"獾子"的动物，獾也叫狗獾、獾八狗子、欧亚獾，是分布欧洲和亚洲大部分地区的一种哺乳动物，属于食肉目鼬科。狗獾是一种皮、毛、肉、药兼具的野生动物。体形粗实肥大，四肢短，耳壳短圆，眼小鼻尖，颈部粗短，前后足的趾均具强有力的黑棕色爪，前爪比后爪长。獾的毛色为黑褐色与白色相杂，头部中央及两侧有三条白色条纹。脊背从头到尾长有长而粗的针毛，颜色是黑棕色与白色混杂，整体呈现棕灰色。鼻端具有发达的软骨质鼻垫，类似猪鼻；四肢较粗而强，它的爪子细长而且弯曲，尤其是前肢爪，是掘土的有力工具。獾的鼻尖突出，有灵敏的嗅觉，喜拱食各种植物的根茎，也吃蚯蚓和地下的昆虫幼虫，或者在灌木丛中捉老鼠，甚至吃动物腐烂的尸体。狗獾在腹部有鼬科类动物共有的臭腺，在遇到危险时可发出一股浓浓的臭味，是保护自己抵御其他扑食兽类的力器。

　　獾是群居动物，大概一个洞穴内可居住十只左右。獾也是夜行性动物，有冬眠习性，在秋季积累大量脂肪，11月入洞冬眠，第二年3月出洞。狗獾体重约10—12公斤，体长45—55厘米。"寿命"可达10—25年。狗獾皮可熟制精美的皮革，肉质鲜美，能补中益气。獾油能治子宫脱垂、咳血、痔疮、痄疮、疥癣、白秃、烫伤、冻疮、胸腹胀等，杀虫润肠。狗獾的脂肪可供医用和工业上使用，是一种有价值的资源性动物，因此常受到人类捕杀，加上人类对自然环境的不断破坏，狗獾的数量也愈来愈少。

塔尔巴哈台地区的狗獾多栖息在塔尔巴哈台山和巴尔鲁克山的丛林、山谷山坡、丘陵僻静的灌木丛洞中。前几年在塔尔巴哈台和巴尔鲁克山区，每到深秋季节，狗獾就会存储一身厚厚的脂肪做好了冬眠前的准备。这也正是牧人狩猎狗獾获取油脂的最佳时节。

传统猎獾的方法很多，如下套子、用水灌洞、掏挖獾洞、捡狼粪沤烟熏洞、猎枪扑杀等等。但最有趣的还是用几只猎狗互相配合猎取狗獾。喜爱狩猎的游牧民猎手到了猎獾时节就开始积极调训自己的猎狗，并有意识地用獾皮制做成"诱子"调训，并把用獾油浸泡的生肉作为对成功捕咬"诱子"猎狗的奖赏，进行反复地训练。

时令过了秋分后，狗獾就开始慢慢减少出入洞的次数了。节令到了霜降后，一般情况下狗獾就进入冬眠了，所以想猎取狗獾就得把握好较佳的猎獾时间段。

有经验的猎手会选秋雨后或雨夹雪后，这时因地温较高，獾洞闷热，狗獾会白天跑到洞外透气，这是捕猎狗獾最好的机会。猎人发现这种良机后会选好自己的猎狗，一般用一条有猎獾经验且凶猛的看护犬与一条年轻善于奔袭的狩猎犬搭配捕猎。

2013年深秋季节，我就曾在塔尔巴哈台山顶落下第一场初雪时，在塔山有名的哈萨克族猎手巴拜的带领下，亲眼目睹了猎狗狩猎狗獾的惊心一幕。当时"年轻气盛"的黑色猎狗因没有狩猎经验在撕咬獾头时，反被激怒的狗獾死命咬住狗嘴并发出凄厉的惨叫。后在看护犬和猎人的及时相助下才"獾口拔嘴"脱离了危险。大约又经过半个小时你来我往的激烈搏斗，猎狗和狗獾都累得精疲力竭时，那条有经验的黄色看护犬这才"老将出马"一口咬住獾颈，黑狩猎犬也死死咬住獾尾，像是报了刚才被獾咬的"一嘴之仇"，至此，一场狩獾行动宣告圆满收场。

2013年的深秋季节我随塔山猎手巴拜去猎獾

黄色看护犬咬住了獾脖，黑色狩猎犬咬住了獾尾

首次在白杨河林区芦苇丛拍到野猪

【野猪】

2006年深秋季节，笔者与好友刘哥前往额敏县达因苏山野去寻拍黑鸡，见天色渐晚，返程出山。四驱越野车在转过一道山谷密林时，两头野猪因汽车发动机的轰鸣受惊，从我们车前跳跃达两米高横穿而去，我惊魂未定，相机都没拿出来，两头野猪便消失在莽莽密林里，这是我首次与强悍野猪的一面之缘。

2009年5月28日，裕民县巴尔鲁克深山一非法盗猎者，夜间用钢丝做的连环套子偷猎马鹿时，无意间套了一头觅食的野猪幼仔，幼猪仔在挣扎时套子越勒越紧，痛得它哀嚎不已，声音凄厉悠长，母猪闻声前来解救，因钢丝套绳无法咬断，撕扯过程中母猪也被套住。

这一情景，第二天被牧民发现后，通过朋友告知了笔者。得知这个消息后，我们立即驱车前往巴尔鲁克深山。当我们赶到现场时，眼前悲怆的一幕让我无比震惊，终生难忘：野猪母子俩不停地挣扎了一二十个小时，在各自能活动的区域范围用嘴拱出一个深坑，为保存体力，坑内所有的草及灌木根已被啃食殆尽。离母猪大约两米处有一滩已发黑并落满苍蝇的血迹，套环中赫然夹着一截血淋淋的猪后腿，原来，闻讯前来救母子俩的公猪也被连环牢牢套套住，后来为自救不得已咬断了自己的后腿逃走。

那一刻，我们所有的人都肃立，默默无语……

藏在芦苇丛中的野猪

2009年5月28日，巴尔鲁克深山中被非法盗猎者套住的野猪母子

后来林业派出所的人员赶来，解救了野猪母子俩。

两次与野猪邂逅，我不禁对探究野猪产生了浓厚兴趣。经过多方朋友相助，终于在2008年3月26日，于铁厂沟东部的白杨河林区芦苇丛间，首次拍摄到了荒原林区野猪的影像。这里的野猪毛色发黄，而在塔城的其他山林间生活的野猪毛色发黑灰。

查阅资料后得知野猪又叫山猪，体格健壮，四肢粗短，头较长，耳小并直立，吻部突出似圆锥体，其顶端为裸露的拱鼻。每脚有4趾，具硬蹄，仅中间2趾着地，尾细短。犬齿发达，雄性犬齿外露，并向上翻转，野猪耳披有刚硬而稀疏的针毛，背脊鬃毛较长而硬，整个体色棕褐或灰黑色，根据栖息地环境不同毛色有明显差别。属国家二级保护动物。

野猪白天通常不出来活动，早晨和黄昏时外出活动觅食，中午进入密林乘凉，4—10头集群较为常见，活动范围一般8—

12平方公里，且大多数时间都在固定的熟知区域活动。当野猪与其他群体发生冲突或争夺地盘时，公猪负责守卫群体。公猪打斗时，互相从20—30米远的距离开始突袭对手，胜利者用打磨牙齿发出响声来庆贺，并排出尿液来划分领地，失败者会翘起细尾巴逃离。

野猪的一副大獠牙是攻击天敌的有力武器。野猪的嗅觉特别灵敏，可以分辨食物的成熟程度，甚至可以搜寻埋在地下深度达2米的食物。野猪的奔跑速度相当快，它可以连续奔跑15—20千米。野猪躲避天敌的本领高强，常聚集在河边、湖边和水泡子（池塘）边，多在河边沙洲和芦苇荡边睡觉，遇到危险就立即渡水而逃，或立即钻入茂密的芦苇荡中。野猪幼仔身上有土黄色的条纹，可以有效避免天敌侵害，长大后条纹会逐渐褪去。

野猪的觅食种类很广，不仅吃嫩草、芦苇根、树杆、坚果，也吃鸟卵及鼠类，野猪最喜欢吃蛇，甚至连毒蛇也不怕，凡是野猪经常出没的地方，蛇通常都会被消灭得干干净净。严冬和早春时节，野猪也会因为食物短缺，深夜潜入牧民的羊圈偷食羔羊。

野猪在野外生活，却不像家猪那样随处乱排粪便，而是在自己领地的中央地带固定点排泄，有时粪便的堆积高度达1米左右。夏季绿洲沼泽中的野猪喜欢洗"泥浴"，经常在河泥中浸泡。山地森林中的野猪则喜欢"沙浴"，躺在河边沙地晒太阳，在松树干上擦痒时粘上松脂，又在晒太阳时粘上沙子，反复多次常使自己披了层"盔甲"。雄猪会在树桩、岩石摩擦身体两侧，把皮肤磨成坚硬的保护层，有效地保护自己在发情期搏斗中免遭伤害。

野猪皮很厚，听老猎人讲：在山林打猪时，一定得掌握有效距离，否则半自动枪的子弹无法穿透野猪皮，子弹会粘在猪的身上。猎人中有一条很重要的经验，打猪时决不能打头猪，要打尾猪。因为假如不能置头猪于死地，野猪的报复性很强，发怒的头猪会带领整个猪群攻击猎人，那种场景非常恐怖。

民间有俗语："一猪，二熊，三老虎。"说的是在哺乳类动物中最凶悍的动物排行榜上，野猪位列第一，体大力大的熊瞎子排行第二，就连"兽中之王"的老虎才位列第三，可见老百姓对野猪的畏惧心理。

野猪天性凶悍，连狼、狗熊、雪豹、猞猁等猛兽也惧它三分，从不敢正面攻击野猪，追赶猪群时也只拣老、弱、病、幼的野猪下手。

巴尔鲁克山区有名的老猎手，讲述了在巴山深处狩猎时亲历的奇事：当年他们狩猎时碰到一群野猪，根据经验没有打头猪，怕激怒凶悍的公头猪，引起反攻。大家只等头猪带领猪群逃离时，找体型较小的开枪，头猪仿佛嗅到了危险气息，带领猪群从山沟向山坡密林中跑去，枪手根据同伴示意对准尾猪开了一枪，见野猪没有被击中要害倒地，猎友又补了一枪，两声枪响后，猪群受惊，有一头野猪已经跑上高山坡，突然又像桶一样向山沟滚去，大伙惊出一身冷汗，原来野猪会运气，遭遇险情时，会有一头"诱猪"为保护猪群安全、整个身体像充气的皮球一样从高处向低处滚落，因为有厚皮保护而不会受伤，然后迅速翻身向反方向跑去，以分散狩猎者的注意力。

有关野猪在塔尔巴哈台荒野上演的趣闻还有很多……

　　狐狸和狼是塔尔巴哈台地区分布最广的哺乳类野生动物。曾经，在塔城的各大草原、山区、戈壁荒原几乎都能看到它们的身影。有关狐狸的故事也很多，尤其是游牧的哈萨克牧人，常年生活在广袤的草原上、荒野里，接触动物的机会更多，对这些动物可以用"四季相伴、爱恨交织"来形容。加之哈萨克游牧民有狩猎的传统，几乎家家户户都有用狼、狐狸皮张鞣制成的完整皮筒

塔尔巴哈台山的游牧人

作为墙面装饰的习俗，所以流传于哈萨克牧区间的传奇故事也最多。同时，社会上有关这类题材的文学作品也比比皆是，本文不再赘述，只向读者简要介绍这两种动物的习性。

塔城库鲁斯台草原冬季狐狸

【狐狸】

草狐狸，又叫红狐、赤狐。它尖嘴大耳，长身短腿，身后拖着一条长长的大尾巴，全身棕红色，耳背黑色，尾尖白色，尾巴基部有个小孔，能放出刺鼻的臭气。

狐狸生活在森林、草原、半沙漠和丘陵地带，居住于树洞或土穴中，傍晚出外觅食，到天亮才回家。由于它的嗅觉和听觉极好，加上行动敏捷，所以能捕食各种老鼠、野兔、鸟、鱼、蛙、蜥蜴、昆虫和蠕虫等，也食一些野果。它主要吃鼠，偶尔才袭击家禽，因而是一种益处多于害处的动物。许多文学故事中虚构的狐狸的狡猾形象，绝不能和狐狸真正的行为等同起来。

塔城农区的狐狸有个奇怪的行为：偶尔有一只狐狸跳进鸡舍，会咬死很多鸡，最后仅叼走一只。狐狸还常常在暴风雨之夜，闯入野鸟群的栖息地，把数十只鸟全部杀死，竟一只不吃，一只不带，空"手"而归。动物学研究把这种行为叫做"杀过"。

狐狸平时单独生活，生殖时才结小群。狐狸非常聪明，它的警惕性也很高，哺育幼崽过程中，如果有陌生气息出现，它会在当天晚上用嘴叼着小狐快速"搬家"，以防不测。

2009年12月，塔城已是冰天雪地，我和好友陈哥从乌市回塔城，正准备穿越老风口玛依塔斯路段时，前面折返的车辆司机传来消息说，因遭遇暴风雪，老风口地段道路被飞雪封堵，需绕道才能回家。我俩随即决定抄近道，走了一条旧时废弃的山间小道，准备由庙尔沟绕道回家。正沿着谷地砂石自然路行走时，突然在前方左侧的山崖上一前一后，各站了两只体形很大的金雕，静静地注视着山崖间的一条石缝，我停下车准备拍摄。陈哥无意间打开车门想仔细看看，只听"嘭"一声巨响，门被一阵大风吹的立刻关上，两只金雕受惊立即起飞离开。这时神奇的一幕出现了，一只拖着长长尾巴的赤狐从石缝隙间从容地钻出来，一转身沿着山根逃走了。我们才明白原来这两只金雕在"守缝逮狐"，不料被我们无意惊扰，荒野中惊险的一幕狩猎传奇终究没有发生。这说明狐狸不但聪明，突然遭遇危险时还很淡定，并有充足的耐心与天敌周旋。

塔城莫合台荒原草狐狸

【狼】

狼外形像狗，体型比狗稍大，嘴较尖，吻也比狗更尖、长，眼角微上挑。耳朵直立，尾巴下垂。狼因产地不同，所以毛色也不同。通常为黄褐色和灰色，两颊有白斑。狼生性狡猾凶狠，昼伏夜出，捕食野生动物，有时会伤害人畜。狼的皮毛可做衣褥等。

灰狼的体重和体型大小各地区不一，一般有随纬度的增加成正比增加的说法。狼适合长途奔行捕猎，其强大的背部和腿部，能有效地舒展奔跑，它们能以每小时10公里的时速长时间奔跑，并能以每小时高达65公里的速度冲刺追赶猎物。

狼是群居性物种。一群狼的数量大约在5—12只之间，在冬天寒冷的时候最多可达40只左右，通常由一对优势对偶领导。狼群有领域性，通常都在其领地的范围活动，群内个体数量若增加，领域范围会缩小。群体之间的领域范围不重叠，会以嚎声向其他狼群宣告范围。狼智能颇高，可以通过气味和叫声相互沟通。通常群体出动捕杀大型猎物。幼狼成长后，大一些的会留在群内照顾弟妹，也可能继承群内优势地位，有的则会迁移出去（大都为雄狼为主）。

狼繁殖时会使用窝，通常在地面挖洞而成，可长达三四米，入口有大土堆。野生的狼一般可以活12—16年，人工饲养的狼有的可以活到20年左右。

塔城库鲁斯台草原的狼主要捕食狐狸、野兔、野猪、狍鹿等，严冬季节食物短缺时也偷袭牧民的羊群。南部和北部山区的狼在哺幼期以捕食旱獭、草原鼠、马鹿为食，塔城盆地东部戈壁荒原的狼主要以捕食黄羊为主。研究表明，狼也是控制当地生态平衡的关键角色。随着人口的增加，塔尔巴哈台地区的狼已日益稀少。国家也出台保护政策禁止猎杀，以拯救狼濒临灭绝的命运。

库鲁斯台草原奔跑的狼

狼洞口的幼狼

守卫狼群的公狼

雪豹侧面图片

【雪豹】

东西走向横亘于新疆中部的天山，南部的昆仑山，北部阿勒泰山和塔城境内的巴尔鲁克山，苍苍莽莽的大山深处生活着新疆现有食肉类猛兽中体形最大的动物——雪豹。

雪豹，猫科大型动物，珍稀濒危。在中国也被称为艾叶豹、荷叶豹、草豹，生活于亚洲中部山区。因终年生活在雪线附近而得名，外形似虎，被誉为世界上最美丽的猫科动物。

雪豹因其皮毛呈大片花斑形似荷叶，又名荷叶豹，属食肉目猫科动物。头较浑圆，长有一条比身体稍短的粗大尾巴，并把它作为有力的武器和平衡身体的工具。它体型瘦长，四肢较短，前足垫很发达，适于攀爬树木，能轻而易举跳上3—4米高的岩壁，跳过10米

宽的山涧。它长有猫一样的利爪，趾尖伸缩自如，脚底有肉垫，奔跑轻巧无声，善于隐蔽捕猎。吻两侧的十多对触须是它测物的感官。它的眼睛适于夜间活动，听觉十分灵敏，但喉管与其他猫科动物不同，不能吼叫，是猫科动物中的哑巴。

雪豹是一种非常聪明的动物，在捕食时和猎人一样，也会观察并了解北山羊、盘羊和岩羊等动物迁徙的通道，掌握其活动规律。在这些野生动物的必经之地，如水源附近、羊道边，悄悄隐藏起来耐心等候，伺机进攻，并一举捕获猎物。

雪豹的活动范围很广，海拔3000—5000米的高山冰雪带、草甸、高灌木和裸岩的山地，都是它活动的区域。过去新疆所有高山都有分布，上世纪的60年代，有人还在裕民县的巴尔鲁克山的坤塔普汗峰发现过雪豹的身影。如今随着环境的恶化和人类的捕杀，数量日渐稀少，在许多地方已绝迹。

雪豹现已被定为国家一级保护动物，严禁猎杀。

雪豹正面图片

雪雾缭绕的雪豹栖息地（巴尔鲁克山坤塔普汗峰）

春夏季的棕熊

【棕熊】

塔尔巴哈台地区老百姓所说的狗熊其实就是棕熊。棕熊是杂食动物，它能捕捉飞鸟和走兽，也采食多种植物的根茎和果实。它善于爬树，在树上掏鸟蛋，在大地上抓兔子，在河水里捕鱼。

平时常听到，在塔城的塔尔巴哈台山和裕民的巴尔鲁克山，边防军人在边境线上巡逻时经常会与棕熊不期而遇，并曾发生与棕熊对峙的事情。

2006年，在塔城市阿西尔乡克孜别提村，发生过狗熊下山祸害老百姓牛羊的事。据说一只成年棕熊，一掌就可以打断牛的脊梁骨，体形较小的羊只需一掌就会立即丧命。

2007年深秋，在额敏县发生过下山的狗熊与哈萨克牧民相斗事件，牧民被狗熊袭击，牧人的两条牧羊犬拼力保护主人，闻讯赶来的其他牧民也倾力相助，经过一番激烈搏斗，那位牧民虽背部被狗熊抓伤，但侥幸捡回一条性命。

塔城的高山夏牧场里，曾有牧民亲眼目睹狗熊捕捉旱獭的情景。狗熊会长时间守候在旱獭洞口，旱獭一露头，熊便会一爪捕获。更绝的是狗熊还会观察旱獭的洞，根据洞口所集土堆的大小判断出哪些是深居洞穴、哪些是临时洞穴。旱獭挖掘的临时洞穴较浅，聪明的狗熊发现旱獭进入这些洞后，会立即上前用自己的利爪掏挖洞穴，直到捉住旱獭为止。

棕熊在秋季来临后，会拼命进食，增加体内脂肪，用以度过漫长的冬季。秋末冬初在高山洞穴中，往往有好几只棕熊挤在一起"假冬眠"，它们睡得不像旱獭那么"死"。母熊大多单独冬眠，以便在洞中产仔。

2009年初冬，我就曾在塔尔巴哈台山拍到一头即将冬眠的棕熊。冬眠前，棕熊通常会用石块和泥土将洞口堵住，只留一个小洞通气，若有敌害侵袭，也会自卫，但动作缓慢。冬眠时棕熊的新陈代谢很慢，依靠体内储存的脂肪来维持生命。中途也会吃一点储存在洞中的食物。还听人说棕熊在冬眠时期，饥饿时舔自己厚厚的熊掌以补充能量，来熬过漫漫严冬。

棕熊在塔尔巴哈台地区的生存范围较广。它生活在塔尔巴哈台山和巴尔鲁克山的高山草甸草原和高山的背阴丛林中。活动在海拔2500—5000米的区域内。

棕熊肉质鲜美可口，属热性，可补身体。熊掌更是一道名肴，与人参、燕窝齐名。熊胆是名贵的中药，可平肝、明目、除翳。熊脂又名脂白，主治"风痹不仁筋急，头疡白秃，面上起疱"等。狗熊全身是宝，故遭到大量猎杀，现在种群数量稀少，已被列入国家二类保护动物。

深秋季节突遭风雪还未冬眠的棕熊

托里县库普荒原兔狲

【兔狲】

早春三月，托里县库普草原仍是白雪皑皑,只有村子边上的小河好像感知到早春的气息。河道已开始慢慢解冻，水流比冬季湍急了许多。在一座靠近巴尔鲁克山的哈萨克牧民的小村，每到夜深人静时，会突然听到比发情期的家猫叫声更粗野更刺耳的尖利而高亢的嗥叫声，在几公里外的库普荒野都能听到。有时还会听见几只动物同时在叫，不时还伴有激烈的打斗声。村子里胆小的妇女儿童听到这种声音都非常害怕。

第二天，有经验且胆大的猎手会在村子里寻找昨夜打斗的印痕，在隐蔽的地方设上套狐狸的铁夹子。当夜就能猎获到这种动物，它和家猫较为相似，身体粗壮而短，耳短而宽，呈钝圆形，耳背为红灰色，两耳距离较远，尾毛蓬松，显得格外肥胖。

这种神秘的动物就是兔狲，也有人叫羊猞猁。它是食肉类猫科属最有名的小型夜行类猛兽。有关它的名字，有资料记载：兔狲一词，是从突厥语系的一种方言音译过来的，意思是"站住"。人们发现它时往往喊"吐逊"招呼它，它一愣，果然会回一下头。后来就流传了下来。

兔狲体重大约有2—3千克，喜栖息于沙漠、荒漠、草原或戈壁地区，能适应寒冷、贫瘠的环境。常单独栖居于岩石缝里或利用旱獭的洞穴，多在黄昏开始活动和猎食。视觉和听觉发达，遇危险时迅速逃窜或隐蔽在临时的土洞中。腹部的长毛和绒毛具有很好的保暖作用，有利于长时间伏卧在冻土地或雪地上伺机捕猎。

兔狲每年早春发情，夏初产崽，一般每胎3—4只。它的额部较宽，吻部很短，颜面部几乎直立，近似于猿猴类的脸型。瞳孔为淡绿色，收缩时呈圆形，但上下方有小的裂隙，呈圆纺锤形。尾巴粗圆，长度约为20—30厘米，上面有6—8条黑色的斑纹，尾

巴的尖端为黑色。全身绒毛极密而软，绒毛丰厚如同毡子一般，尤其是腹部的毛很长，是背毛长度的一倍多。头顶为灰色，具有少数黑色的斑点。主要以鼠类为食，也吃野兔、鼠兔、沙鸡、旱獭等。在冬季觅食困难时，会出没于人生活区域的周围，看似笨拙其实很敏捷。

以前在塔城市、托里县、额敏县的荒原上都可见到兔狲，后来随着耕地的大量开发，农药的广泛使用，兔狲的主要食物草原鼠、野兔等受到毒害，兔狲也间接地深受其害，日见消亡。

2000年冬天我在塔城林业公安干警的支持下，有幸深入深冬冰天雪地的托里县库普荒原内，拍摄到了这非常珍贵的兔狲影像。

托里县库普荒原兔狲

风雪弥漫吾日喀夏依山

静静蹲守猎物的猞猁

【猞猁】

2008年2月16日，塔尔巴哈台地区北部四县，遭遇了几十年不遇的大雪灾，额敏县的吾日喀夏依山的冬牧场也受灾严重。往年山中只会下一点薄薄的积雪，越冬的牲畜用蹄子轻松扒开积雪，就可吃到雪下的枯草。而那年雪下得很厚，栖息在山野中的野生动物狼、狐狸、猞猁、盘羊和北山羊等动物无处觅食。纷纷冒险从深山中走出，来到浅山地带。不少体弱的盘羊在向前山迁徙时，一不小心脚蹄踩空，就会掉进山凹里风刮平的"雪湖"中，再也无力爬出来，成了狼群的美食。

野生动物们来到牧民居住区附近寻找食物的消息，经山中的朋友传给我，痴迷野生动物摄影的我立即启程前往，在向导的带领下来到吾日喀夏依山，一个叫"野羊谷"的冬窝子附近寻找拍摄机遇。在山间行进时，无意间在僻静的山间谷地，一户牧民废弃的长满荒草的谷地旧羊圈里，拍摄到了饥饿的猞猁捕猎野兔的精彩瞬间。这是我在塔尔巴哈台地区首次白天拍摄到这种奇特的动物影像。

拍到这只珍贵的捕猎猞猁后，回到向导的房子喝茶闲聊时，听向导的朋友、

一位年迈的猎手讲，上世纪五六十年代，吾日喀夏依深山牧业生产队常常遭遇狼害，为保护牧业发展，牧业队组织有经验的猎手清除狼患。有一次出外狩猎狼时，他拿着猎枪带着自己的猎狗巡山找狼，无意间在山谷发现一只行动缓慢、带着幼崽的猞猁.这只带仔的猞猁受惊后，慌不择路逃向山崖，眼见前方是无路可走的悬崖峭壁，进退维谷。这时，这只母猞猁四下张望，做出了让这位猎手终生难忘的一幕壮举。那只母猞猁让幼崽咬着自己的皮毛，把它驮在背上，纵身跳下悬崖，母猞猁坠入谷底，被乱石击穿身体而

捕到野兔的猞猁

亡，而那只紧紧咬住母猞猁毛的幼猞猁得以幸存，惊恐至极的幼猞猁伏在已死去的猞猁身边哀鸣不已。猎手看到此景深受感动，无心继续狩猎，骑马默默离去。这么多年过去，老猎人每每想起那次遭遇，依然历历在目，难以忘怀。

猞猁的外形像野猫，但比猫大得多。它身体粗壮，四肢较长，尾极短粗，尾尖呈钝圆。耳尖上有明显的丛毛，两颊有下垂的长毛，腹毛也很长。毛色变异较大，有多种色型。最引人注目的是两只直立的耳朵，双耳尖端都生长着耸立的黑色笔毛（耳朵上的一撮像毛笔一样的立毛），约有4厘米长，其中还夹杂着几根白毛，很象戏剧中武将头盔上的翎子，为它增添了几分威严的气势。猞猁的耳壳和笔毛能够随时迎向声源方向运动，有收集音波的作用，如果失去笔毛就会影响听力。

猞猁的两性特征区别不大，雄性猞猁比雌性猞猁体型稍大，体重也稍微重一点。猞猁生活在森林灌丛地带、密林及山岩上，栖居于岩洞、石缝之中。猞猁喜独居，长于攀爬及游泳，耐饥性强，可在一处静卧几日，不畏严寒。喜欢捕杀狍子等中大型兽类。晨昏活动频繁，活动范围视食物丰富程度而定，有占区行为和固定的排泄地点。

猞猁离群独居，孤身活跃在广阔空间里，是无固定窝巢的夜间猎手。白天它躺在岩石上晒太阳，或者为了避风雨，静静地躲在大树下。猞猁"静若处子，动若脱兔"，既可以在数公顷的地域里，蛰居几天不动，也可以连续奔跑十几千米而不停息。

猞猁的性情狡猾而又谨慎，遇到危险时会迅速逃到树上躲蔽起来，有时还会躺倒在地装死，从而躲过敌害。在自然界中，虎、豹、雪豹、熊等大型猛兽都是猞猁的天敌，如果遭遇到狼群，也会被紧紧包围追赶而丧命，它一般不会主动伤人，只有被逼急了的时候才会进行反扑。

猞猁的主要食物是各种小型野生动物和野兔，所以在很多地方，猞猁的种群数量会随着野兔数量的增减而波动，大致上每间隔几年就会出现一个高峰。除了野兔外，它猎食的对象还有很多，包括各种野鼠、旱獭、黑琴鸡、鹌鹑、和雉类等。有时还袭击麝、狍子、鹿，以及猪、羊等家畜。

据牧人讲：猞猁非常聪明，在捕捉猎物时，常借助于草丛、灌丛、石头、大树等做掩体。在冬季捕获狍子后，会将吃剩的肉埋在隐蔽处的积雪下"冷藏"，待饥饿时再取出食用。

饥饿的猞猁猎捕到野兔的精彩瞬间

猞猁数量的减少还得归因于人类。由于猞猁威胁家畜生存被牧人当作害兽；同时因猞猁的皮毛细软丰厚，色调柔和，非常珍贵。20世纪80年代末期，猞猁皮黑市售价竟高达每张2000元之多，受巨额非法经济利益驱使，猞猁种群遭受了空前的灾难，被大肆捕杀。加之猞猁行踪诡秘，昼伏夜出，扑猎凶残。又由于它们耳朵上的那撮丛毛让人心生恐惧，甚至被称作是魔鬼的象征。实际上猞猁是很胆小的动物，它们为了躲避人类捕杀，不得不躲藏到更高的山和更深的密林中。现今猞猁在塔尔巴哈台山野已非常罕见，为国家二级保护动物。

【漫话中国人的鹿情结】

中国人自古以来就有爱鹿、养鹿和崇拜鹿的文化传统。中国传统鹿文化，是伴随着人类一步步驯化野生鹿的过程，不断发展、丰富和完善的。

据史料记载：公元前14世纪，纣王建起"大三里、高千尺"的鹿苑。这是中国养鹿最早的记载，养鹿主要用于食肉、制衣、观赏和祭祀。

鹿肉曾是古代民间和上层社会的主要食物，周朝时已将鹿肉作为宴宾的主食品。北魏贾思勰的《齐民要术》详细记述了鹿肉的烹饪技术。唐代州县宴请得中举子"歌鹿鸣曲"、"设鹿啤宴"。

鹿茸是养鹿的主要产品，鹿茸药用最早见于马王堆汉墓《五十病方》中（公元168年），记载："燔鹿角"治疗肿痛。以后历代医书都记载了鹿茸有"益气强志"、"生精补髓"疗效和作用。近代中医认为鹿茸为补阳药。国内外大量研究表明，鹿茸中含有

乌苏市佛山马鹿

金秋季节小溪饮水的马鹿

多种生物活性物质，能促进机体生长发育和新陈代谢，增强机体免疫力，对神经系统和血管系统有良好的调节作用。

鹿性情温顺，形象秀丽，尤其是棕红毛配以白色斑点的梅花鹿，最受人们喜爱。在古代，只有王室权贵才能观赏鹿，算得上是一种奢侈的享受。北宋徽宗皇帝就喜爱养鹿，鹿苑中"养鹿数千头"。

鹿在古代还被视为神物，认为鹿能给人们带来吉祥、幸福和长寿。那些长寿神就是骑着梅花鹿的。作为美的象征，鹿与艺术创作也有不解之缘，历代壁画、绘画、雕塑和雕刻中都有鹿的身影。如汉代的骑士射鹿图，佛座上的卧鹿浮雕等等。

草原上的游牧人认为，鹿健壮而善于奔驰，美丽而具有神力。古代游牧人自然对鹿产生崇拜心理。在新疆北部广袤的夏草原上，还能看到大量有关鹿形题材的岩画和鹿石，游牧人居室里有形形色色的鹿形装饰图案。

如今，中国广博大地上生存栖息的野生鹿品种有很多，如马鹿、驯鹿、麋鹿、麝鹿、狍鹿、梅花鹿、水鹿、白唇鹿、坡鹿、驼鹿等。鹿科的每一种美丽生灵，都在它的原生地，演绎着一段段荒野传奇故事。

巴尔鲁克山马鹿

【马鹿】

在塔尔巴哈台地区的南北各大深山密林中，生活着一种体型很大的动物。在裕民县的巴尔鲁克山分布最广，数量最多。人们把这种形似骏马，长着一双美丽分叉大角的瑞兽叫马鹿。

马鹿是仅次于驼鹿的大型鹿类，雌性比雄性要小一些。头与面部较长，有眶下腺，耳大，呈圆锥形。鼻端裸露，其两侧和唇部为纯褐色。额部和头顶为深褐色，颊部为浅褐色。颈部较长，四肢也长，蹄子很大，尾巴较短。马鹿的角很大，只有雄性才有角，而且体重越大的个体，角也越大。一般分为6或8个叉，个别可达9—10叉。在基部即生出眉叉，斜向前伸，与主干几乎成直角；主干较长，向后倾斜，第二叉紧靠眉叉，因为距离极短，称为"对门叉"。雌性仅在相应部位有隆起的嵴突。

野生天山马鹿，栖息于海拔1500—3800米的高山草原地带。按季节、昼夜变化特点进行采食。从2月末起迁徙到解冻的山南坡，采食那里已长出的嫩草，春秋季节频繁到咸水湖或盐碱滩活动。春夏季节由于高山至谷地之间，不同高度的斜坡上，长有各种各样繁茂的植物，马鹿常表现出明显的昼夜性迁移。夏季马鹿从清晨至上午9—10时和傍晚18时以后觅食到夜幕降临。长茸公鹿在蚊蜢侵袭时期，常迁移到高山上的林缘地带，约在8月中旬，鹿茸开始骨化，蚊蠓逐渐减少时，才返回到较低处。

秋季，马鹿个个变得膘肥体壮，开始进入发情的季节。发情期间，争偶的成年公鹿常常会发生激烈情斗，彼此瞪着双眼，蹄

夏季的马鹿群

秋冬季的马鹿群

子不停地刨着地面向对方示威，情急之下会用大角向对方猛冲过去，四角相撞，发出很大的撞击声。有时四角相缠，难分高下，常常有因争斗而导致伤亡的情况。只有胜者才能与雌鹿交配。

我就曾在巴尔鲁克山南坤塔普汗山谷一场茫茫的初雪天气中，拍到两只公鹿相斗，一群雌鹿在一旁静静观望，等待胜者的情景。马鹿冬季可采食灌木丛的枝叶、树上的苔藓和深雪下的植物。刚出生后的仔鹿，头几天卧藏起来，然后跟随母鹿活动，到翌年春天离乳。此时，母鹿离弃公仔鹿，而母仔鹿则继续跟随母鹿很长时间。经驯养的天山马鹿性情温驯，不过在配种期也会因发情争偶而殴斗，也攻击人。驯养的母鹿喜欢剥食树皮。夏秋季节公母鹿均喜欢扒水或进行水浴、泥浴。

马鹿属于北方森林草原型动物，但由于分布范围较大，栖息环境也极为多样。在新疆，塔里木马鹿则栖息于罗布泊地区西部，有水源的干旱灌丛、胡杨林与疏林草地等环境中。天山马鹿则生活在天山以北的广大山区。

马鹿以乔木、灌木和草本植物为食，种类多达数百种，也常饮矿泉水，在多盐的低湿地上舔食，甚至吃其中的烂泥。夏天有时也到沼泽和浅水中进行水浴。平时常单独或成小群活动，群体成员包括雌性和幼仔，成年雄性则离群独居，或几只一起结伴活动。马鹿在自然界里的天敌有熊、豹、豺、狼、猞猁等猛兽。但由于其性情机警，奔跑迅速，听觉和嗅觉灵敏，而且体大力强，又有巨角作为武器，所以也能与捕食者进行搏斗。

20世纪的五六十年代，有一位内地的知识分子，因家庭成分不好，怕受到运动迫害，随亲来到新疆，隐居在美丽富饶的巴尔鲁克深山，靠狩猎为生。深居大山的日子，他发现巴尔鲁克山的野生马鹿特别多，寂寞时，根据自己在内地所学知的养鹿、捕鹿知识，利用山的自然坡度，挖取外低里深的陷阱，然后在马鹿身体缺盐分的春秋季节，用粗大粒盐在马鹿行进的道上撒成一条细线，马鹿贪恋食盐，逐步被引诱入险阱。这种陷阱一旦进入再也无法出去。那人猎获马鹿后，在自己搭建的高木围栏里喂养繁殖马鹿，春季割获鹿茸，用来换取生活必需品。（鹿茸是名贵中药材，鹿胎、鹿鞭、鹿尾和鹿筋也是名贵的食疗滋补佳品。）据说几年下来，这个人不但自己衣食无忧度过了艰难岁月，同时还发展了一个规模不小的马鹿场。

　　塔城地区的巴尔鲁克山区是马鹿主要的原生地，巴尔鲁克的山南和山北，是马鹿四季迁徙比较完整和理想的栖息地。在上世纪的六七十年代，巴山的马鹿群非常庞大，据当地的牧民讲，每年的春夏季，可以在山林捡拾到的巨大马鹿角，大家把它收集起来，用来在夏牧场的羊圈扎围栏。直到上世纪的80年代初，巴尔鲁克山的马鹿种群开始逐年减少。到90年代后，随着中哈两国边境铁丝网的建成，马鹿群的迁徙通道被截断，加之人为的猎杀和对马鹿栖息环境过度开发破坏，马鹿这个全身是宝的美丽生灵，在巴尔鲁克的浅山地带渐渐难觅踪影。

风雪中争斗的马鹿

风雪中的马鹿

【狍鹿】

狍鹿是中国北方各地山林最常见的野生动物之一，栖于东北的广大林区、祁连山东段和新疆天山、阿勒泰山的荒山混交林或疏林草原附近。民间又叫狍子、羊鹿子、狍、麅等。在塔尔巴哈台山东段浅山地带、裕民县的巴尔鲁克山脉西部与阿拉湖接壤结合部的荒原，种群栖息分布范围较广。

狍鹿体小如山羊，四肢匀称细长，后肢稍长，蹄窄尖，尾极短。雄鹿有角，仅3叉，通体棕黄色或棕褐色，臀部有白斑。狍鹿晨昏活动，食草。

狍鹿肉为野味佳品，皮张属上等制革材料，所制衣物柔软舒适、保暖。古时的鄂温克人及北方的其他游猎民族有用狍鹿皮做衣服的传统。狍鹿肺晾干研细，可治肺脓肿，血煮成块后晾干研细，可以治疗月经过多症。所以在北方各地，狍鹿一直是人们狩猎的对象。

据塔城的达斡尔族老猎手讲：达斡尔人自古以来就有狩猎的的传统，狩猎经验特别丰富。由故乡东北戍边来到塔尔巴哈台后，发现这里野生动物种类繁多，尤其是塔城的库鲁斯台草原的额敏河流域，春天汛期，可以大量捕鱼，秋天是百草结籽、雁徙鹿肥时，民间改动关东民谣为"棒打狍子，瓢舀鱼，马尾做套套黑鸡（意思用马尾巴抽取的细丝毛、很结实，可简单绕成连环套，下在黑琴鸡常行走的鸡道上猎取鸡）。"可见当时塔尔巴哈台地区野生动物云集的盛景。

狍子因肉质鲜美、皮质优良，加上狍子好奇心重，看起来很"傻"，成为重要的猎杀对象。其实,狍子并不是真傻，偶蹄目鹿科的狍子也如大多数食草动物一样，生就灵敏的听觉、视觉和嗅觉,再加上快速的奔跑能力，使它们在弱肉强食的生物圈里得以生存和繁衍。只是狍子的好奇心重，见了什么都想看个究竟，碰见人就站在那儿观望。狍子有时遇到情况也会拼命地奔跑，不过，它的奔跑不会持久，跑一会儿还要停下来,看形势对自己不利再跑，跑一会儿又忍不住停下来看。即使追猎者突然大喊一声，它也会停下来看。狍子的这种特性给自己带来了不少麻烦。

早些年，我在巴尔鲁克山南拍片，为了拍出光影奇特的作品，常常要等到拍完最后一抹晚霞才开始返程，时常走到阿拉湖东部荒原的边境公路时已是夜晚，在夜行的公路上遇上狍子是很常见的事。当汽车开着明亮的大灯在马路上奔驰，前方灯影里有时会突然出现个样子像鹿的动物来，毋庸置疑一准儿是狍鹿。这时的狍鹿的确有点冒傻气，它才不管后面的汽车对它有什么威胁，只管顺着车灯跑,有时会相持跑十几公里。

有一年秋天，老猎手和几个朋友骑着马，在库鲁斯台草原西部靠近边境的拉巴湖西岸的芨芨草滩围猎狍子，大家三面夹击驱赶狍子，受惊后的狍子见无路可逃，直接跳入对面湖水中。猎人们原想这次不费吹灰之力就能抓住活物，没想到狍子进入拉巴湖的深水区中，只露出脑袋和美丽的三叉鹿角，依然快速地向前游去，不一会儿，狍子游上东岸迅速钻入岸边的红柳林子里不见了。原来狍子会游泳，还游得相当好，猎人们都惊呆了。

隐藏在灌丛中的狍鹿

塔城南湖草原狍鹿母子

古树梅花鹿

和布克塞尔县蒙古敖包

【梅花鹿与和布克赛尔之名的由来】

梅花鹿，是中国著名的珍贵动物之一，民间被视为祥瑞之兽，有"仙兽"之称。

梅花鹿是一种有着迷人的外表、性情温顺的食草类动物，梅花鹿全身是宝，鹿茸、鹿角、鹿血和鹿肉都有很高的药用价值，也是高档的滋补佳品。它一直伴随人类的生存和发展，与人类和谐共处。自从人类进入工业文明以来，开始不断大量残杀它的生命，掠夺它的身体，挤压它的生存空间，因人类毫无节制的贪欲使它的种群迅速下降，在全国大部分地方已经绝迹。现仅存于东北吉林和四川等地，属国家一级保护动物，被列为濒危物种。

梅花鹿，偶蹄目、鹿科、鹿属中型鹿类。头部略圆，颜面部较长，鼻端裸露，眼大而圆，眶下腺呈裂缝状，泪窝明显，耳长且直立。颈部长。四肢细长，主蹄狭窄而尖，侧蹄小。尾较短。

梅花鹿的毛色随季节而改变，夏季体毛为棕黄色或栗红色，无绒毛，在背脊两旁和体侧下缘镶嵌着有许多排列有序的白色斑点，状似梅花，因而得名。冬季体毛呈烟褐色，白斑不明显，与枯茅草的颜色类似。颈部和耳背呈灰棕色，一条黑色的背中线从耳尖贯穿到尾的基部，腹部为白色，臀部有白色斑块，其周围有黑色毛圈。尾背面呈黑色，腹面为白色。

雌性梅花鹿无角，雄性的头上具有一对雄伟的实角，角上共有4个杈，眉杈和主干成一个钝角，在近基部向前伸出，次杈和眉杈距离较大，位置较高，常被误以为没有次杈，主干在其末端再次分成两个小枝。主干一般向两侧弯曲，略呈半弧形，眉叉向前上方横抱，角尖稍向内弯曲，非常锐利。

塔尔巴哈台这片土地，是否曾是吉祥美丽的梅花鹿的栖息之地呢？专家和学者各有说法，没有定论。（本书拍摄的梅花鹿图片是在天山鹿场所摄。）持肯定说法的专家的依据之一就是——新疆北部草原岩画和民族图案装饰中，可以看到梅花鹿的身影。

新疆塔城地区的和丰县（和布克赛尔蒙古自治县）也广泛流传梅花鹿和县名的渊源故事。据《和布克赛尔》县志载：西辽延庆四年（1127年），县境属西辽汗国的聚落（村镇），称为霍博（火字）。宋宝庆三年（1227），元太祖成吉思汗在六盘山清水行宫病死时，其三子窝阔台汗（建都也迷里，今塔城地区额敏县），从霍博前往会丧。此后，霍博（又称霍博克赛里）游牧地为西域城邦的辖地。

蒙古语"霍博古"是梅花鹿。追溯历史，蒙古人的确有把野生动物叫做地名的传统。据说在当时的和布克赛尔群山中，山地草原间有许多霍博古，人们把霍博古栖息的赛尔山叫"霍博古赛尔"山，后转译为和布克赛尔。

还有一种传说，和布克赛尔是由和布克河、赛尔山组成的一个名字，早先和布克河畔长着茂盛的树林，河边、林中、草地间生活着许多霍博古，人们习惯把这条河称为霍博古河，后来渐渐传为"和布克河"。

至今，仍有许多蒙古族老人认为和布克赛尔曾经有梅花鹿和马鹿等许多动物，后由于人们的猎杀、气候和栖息环境变化等因素造成了梅花鹿的迁徙，后逐渐绝迹，只在和布赛尔境内的深山中能见到马鹿等动物。

据说，现在和布克河和赛尔山中，还能捡到稀少的梅花鹿角，如果属实，说明和布克赛尔这块美丽神奇的热土，也曾是"灵瑞之兽"梅花鹿的家园。

鹿场圈养的梅花鹿

准噶尔荒原野马

【蒙古野马】

  蒙古野马也叫普氏野马，原产于我国新疆的准噶尔盆地，以及蒙古国的干旱荒漠草原地带，因此又被称为准噶尔野马或蒙古野马。

  蒙古野马体格健硕，体毛为棕黄色，向腹部渐渐变为黄白色，腰背中央有一条黑褐色的脊中线。鬃毛短硬，呈暗棕色，逆生直立，不似家马垂于颈部的两侧。从比例上来说，头部较大而短钝，脖颈短粗，口鼻部尖削，牙齿粗大，耳比家马小而略尖。额发极短或缺，不似家马具有长长的额毛。腿比家马的短而粗，腿内侧毛色发灰，蹄形比家马小，高而圆。尾基（着生）短毛，尾巴粗长几乎垂至地面，尾形呈束状，不似家马自始至终都是长毛。此外，普氏野马的染色体为66个，比家马多出一对。

  蒙古野马栖息于缓坡上的山地草原、荒漠及水草条件略好的沙漠、戈壁。天性机警，善奔驰。一般由强壮的雄马为首领结成

5—20只马群，无固定栖息地，喜游移生活。多在清晨或黄昏，沿固定的路线到溪边饮水。喜食芨芨草、梭梭和芦苇等，冬天能刨开积雪觅食枯草。6月份发情交配，次年4—5月份产仔，每胎1仔，幼驹出生后几小时就能随群奔跑。

蒙古野马是地球上唯一幸存的野生马种，百年前被外国学者发现时曾轰动欧洲。1878年，沙俄军官普热瓦尔斯基率领探险队，先后3次进入准噶尔盆地奇台至巴里坤的丘沙河、滴水泉一带，捕获和采集野马标本，并于1881年由沙俄学者波利亚科夫正式定名为"普氏野马"。

由于普氏野马生活于极其艰苦的荒漠戈壁，缺乏食物，水源不足，还有低温和暴风雪的侵袭。加之人类的捕杀和对其栖息地的破坏，更加速了它消亡的进程。在近一个世纪的时间里，野马的分布区急剧缩小，数量锐减，在自然界濒临灭绝。蒙古西部在1947年曾经捕捉到过1只，当时送到乌克兰的动物园饲养，此后就再也没有发现过普氏野马。

1957年，中国曾在甘肃肃北县的野马泉和明水之间捕到过1只普氏野马。1969年，尚有人在新疆准噶尔盆地看到过有8匹野马组成的小群。1971年，当地的猎人看到过单匹的野马。20世纪80年代初，还有人在东准噶尔盆地乌伦古河和卡拉麦里山之间的地域发现了野马的踪迹，但没有确凿的证据。

20世纪60年代，蒙古国首先宣布野生野马灭绝，中国新疆作为普氏野马的故乡，开始遭受俄、德、法等国的探险队大规模捕猎，有28匹野马驹被偷运出境，加之国内大批捕杀，到20世纪70年代，新疆普氏野马在野外基本消失。

中国对野马的存亡十分关注，1974年、1981年和1982年，由中国科学院、新疆大学等单位先后几次组织考察队，深入到准噶尔荒漠、乌伦古河、卡拉麦里山、北塔山等野马原产地考察，并结合航空调查，力求找到

风雪中的蒙古野马

野马，结果失望而归。1985年，分布于美、英、荷兰等112个国家和地区的存活野马仅有700多匹，全是圈养和栏养的。

1977年，3位荷兰鹿特丹人创立了普氏野马保护基金会，该基金会有两个主要目标，一是将之前的普氏野马血统记录数据经电脑处理，建立起蒙古野马血统记录数据库；二是首倡将普氏野马回归大自然。

1981年，普氏野马保护基金会开始购买普氏野马，尽量挑选血缘较远的野马进行繁殖。1986年，该基金会和苏联科学院动物进化形态学和生态学研究所合作。1988年在苏联和蒙古寻找尚存的适宜草原保护区。最终在蒙古境内建立了一个面积达2.4万英亩的胡斯坦奴鲁草原保护区，并在1992年将第一批16匹蒙古野马运往该保护区，进行野外放养，由于进展顺利，该基金会又在

1994年、1996年分两批各16匹蒙古野马送往保护区，截至1998年1月1日，胡斯坦奴鲁草原共有约60匹普氏野马。在此基础上，2005年伦敦动物学会正式向世界自然保护联盟提出申请，将蒙古野马在世界自然保护联盟濒危物种红色名录中的保护状态，由原来的野外灭绝更改为濒危。

1986年8月14日，中国林业部和新疆维吾尔自治区人民政府组成专门机构，负责"野马还乡"工作，并在准噶尔盆地南缘的新疆吉木萨尔县，建成全亚洲最大的（占地面积9000亩）野马饲养繁殖中心。随着18匹野马先后从英、美、德等国运回，野马的故乡终于结束了无野马的历史。

风雪中的蒙古野马群

准噶尔盆地浅山地带的野驴

【蒙古野驴】

　　塔尔巴哈台地区的东部荒漠，长期以来一直栖居着一种似骡似马的野生动物。这种动物就是蒙古野驴，属大型类有蹄类动物。外形似骡，吻部稍细长，耳长而尖。尾细长，尖端毛较长，棕黄色。四肢刚劲有力，蹄比马小但略大于家驴。叫声像家驴，但短促而嘶哑。颈背具短鬃，颈的背侧、肩部、背部为浅黄棕色，背中央有一条棕褐色的背线延伸到尾的基部，颈下、胸部、体侧、腹部黄白色，与背侧毛色无明显的分界线。

　　蒙古野驴属典型荒漠动物，多栖息于海拔3000—5000米的高原亚寒带。喜在荒野过迁徙游荡的生活，耐干渴，冬季主要吃积雪解渴。以禾本科、莎草科和百合科草类为食。8—9月份发情交配，雄驴间争雌激烈，胜者拥有交配权。蒙古野驴具有极强的耐力，既能耐冷热，又能耐饥渴，并且具有敏锐的视觉、听觉和嗅觉。蒙古野驴有集群活动的习性，雌驴、雄驴和幼驴终年一起过游荡生活。聪明的蒙古野驴在干旱缺水的时候，会在河湾处选择地下水位高的地方"掘井"。它们用蹄在沙滩上刨出深半米左右的大水坑，当地牧民称为"驴井"。这些水坑除了它们自己饮用外，还为荒野的鹅喉羚等其它动物提供了水源。

分布于亚洲腹地的野驴，并非是现今家驴的祖先，家驴源于非洲野驴。野驴善于奔跑，甚至连狼群都追不上它们，但由于"好奇心"所致，缺乏防范意识，它们常常追随猎人，前后张望，大胆者会跑到帐篷附近窥探，给偷猎者可乘之机。

夏季的蒙古野驴

初冬时节奔跑的野驴

【鹅喉羚（长尾黄羊）】

当车辆行驶在塔额盆地通往准噶尔盆地的重要通道白杨河—铁厂沟—萨孜湖广袤亘古的荒原谷地时，经常会发现许多矫健的荒漠精灵。它们有着灵敏聪慧的大脑、令人着迷的身姿，那一个个奔跑时跳跃的靓影，与飘着朵朵白云的湛蓝天空、广阔的半荒漠草原及远处的雪山，一起构成一幅精妙绝伦的和谐诗意画面。这画面的主角，便是准噶尔盆地区域分布最广、数量最多的国家二级保护动物——鹅喉羚。

鹅喉羚是类似黄羊的野羊。有黑色的长尾巴，平时不停地摇摆，故人们又称它长尾巴黄羊。

塔尔巴哈台地区的鹅喉羚，生活在白杨河至铁厂沟的荒漠半荒漠区域，托里县玛依勒山南至乌苏甘家湖的广大区域，和布克赛尔的东部荒漠区也有大量分布。有的季节鹅喉羚还栖息于海拔2000—3000米的高原开阔地带，常4—10只集成小群活动。耐旱性强，以冰草、野葱、针茅等草类为食。

鹅喉羚的雄羚在发情期喉部特别肥大，状似鹅喉，故得此名。雄羚角较长，微向后弯角尖朝内，雌羚的角较短。体毛沙灰色，吻鼻部由上唇到眼色浅呈白色，腹部、臀部也为白色，尾黑褐色。

鹅喉羚有分群的习性，每年的12月份到来年的1月份是鹅喉羚的发情期，雄羊与雌羊合群配对。北疆春天来临时，它们在迁徙

塔城地区白杨河谷地荒原（鹅喉羚的栖息地）

公鹅喉羚（长尾黄羊）

母鹅喉羚

后逐渐分群，至6月份左右，雌羚便会选择隐蔽而水草丰盛的地带分娩，产仔一到两只，直至秋季再集结成军。

上世纪五六十年代，在塔城地区白杨河流域和准噶尔盆地的古尔班通古特沙漠，秋天来临后，那成群结队有规模迁徙的黄羊，就像古代集团军的勇士一样，顺着秋风，裹挟着黄叶，翻滚着尘土，气势恢宏地向着远方跑去，阵势蔚为壮观。鹅喉羚自然所形成的大集群，有利于防止迁徙过程中狼群的威胁，并为在冬季交配时选择配偶提供了便利条件，避免"近亲结婚"，有利于种群优生。

秋季，北疆地区大规模集群的鹅喉羚，一般会从多雪而寒冷的准噶尔盆地北部，逐渐迁往较为暖和的南部荒漠区越冬。

首次遭遇黄羊并深受感动的是在2001年的深秋季节，我和朋友开车去和布克赛尔县办事，我们为抄近道走的是铁厂沟镇至和丰县的后山戈壁砂石路。车辆在颠簸的简易公路上行驶，经过白杨河大桥，前面是吾日喀夏依山和萨吾尔山所形成的一片广阔半荒漠谷地平原。（当时318线塔城—和布克赛尔段还未开通。）车艰难地行走在沙生灌丛的自然便道上，至"十八颠"时（当地人形容上上下下，沿着自然坡梁曲曲折折难走的路），突然在车前方，3只黄羊闯入了我们的视线，黄羊发现了我们的车后，迅速翻过公路向南部旷野跑去，因为母亲带着幼仔，奔跑的速度较慢。

这是首次在新疆见到这种美丽生灵，内心非常激动。因贪心想更近距离看看这种灵物，我们便加大汽车油门向前冲去。这时惊人的一幕出现了，那只公黄羊突然掉转方向，回过头向我们走来，不紧不慢翻过公路向北跑去，等我们车快靠近时才迅速逃去，好象在与我们周旋，我们快，它也快，我们慢，它也慢，并不时站在原地回头望我们。等我们回过神，转身望去，那只带仔的母羊早已远离了我们的视线，变成两个或隐或现上下跃动的黄白斑点，最终消失在茫茫荒野灌丛中。我们才明白这只公黄羊为

2006年10月在托里县拉巴河下游巧遇的一群黄羊（当时黄羊受惊后无法跳上崖壁的情景）

了保护母羊和幼仔，故意转移我们的注意力，使它的妻儿免于伤害而逃生，如果遇上盗猎者，最先牺牲的肯定是距离最近的这只勇于担当的大公羊。

2006年10月，我和朋友贺思荣在托里县的科科巴斯陶拍摄秋天的胡杨，归途中，车辆行走在喇叭河下游断层河谷地时，也曾遇到过一群黄羊在河边喝水，看到我们后一时受惊无法登陡崖逃脱，而与我们平行沿河边向上游奔跑了好几十公里，最后在河崖低洼处逃离。这是首次在托里县发现这么多黄羊，我们非常激动。虽然距离有点远，我还是迅速按下了快门，把这次奇遇记录了下来。

告别黄羊，还有大约150多公里的山路等待翻越。这条玛依勒群山的游牧人转场，路途非常艰险，是我们都未曾走过的生路，全是简易的大车道，又窄又陡，急拐弯也多，心里很没底。但想到所遇黄羊自古被誉为祥瑞之物，我们似乎也感到有灵物佑护，信心大增，凭借一份地图册和指南针，开始了漫长的回家之旅。

当越野车在进入到玛依勒深山时，天已大黑。塔城的山区10月份的天气，说变就变，车行到拉巴牧场后，天又下起大雨，路又滑，雨雾大，视线不清，走了一段路程后又下起了鹅毛大雪，我们的心都提到了嗓子眼，经过6个多小时的艰难跋涉，终于来到221省道公路，心才放了下来。这一路多次遇险，皆安然通过，到目的地后，才长舒了一口气。我们笑谈应该感谢上苍，感谢灵物黄羊给我们带来的好运。如今目睹这些照片，这些记忆纷至沓来，令人唏嘘不已。

2007年的10月份，又是金秋时节，也是拍摄胡杨的季节，我和好友刘哥相约在白杨河流域东戈壁拍摄胡杨。我们俩人一路奔

受惊的黄羊与我们平行沿河岸奔跑，后在河崖底处逃离的情景

受惊奔跑的黄羊

遇到我们而好奇相望的黄羊

刘哥在抢救黄羊时的情景

波，翻过白杨河水库后，沿着戈壁滩上的自然通道向拍摄点驰去。

来时时间较紧，沿途在白杨河林场又走走停停拍了些图片，耽误了时间。眼见拍摄的最佳光线即将到来，我这个向导对路线记得又不太清楚，我们都很着急，怕失去这次拍摄机会，当看到远方的白杨河雅丹地貌群轮廓时，我们的心情也开始激动起来，越野车急驰在浩淼的戈壁沙滩上，身后扬起阵阵尘土。

车辆疾驰当中，我们突然发现前面右前方站着几只黄羊，看到我们的车辆后向东蹦蹦跳跳跑去。这时好友偶然回头，发现了一个特别情况，一只黄羊倒挂在左边的白杨河胡杨林保护区与戈壁滩之间的铁丝网上，在拼命地扑腾。我们紧急刹车，快速向黄羊跑去，发现这是只母黄羊，它在挣扎中，前蹄和头已把地上扒拉成一个直径70厘米左右的圆坑，地上的土已变硬。母黄羊的脖子反向弯曲，眼里流露出无助和痛苦的神色，我们顾及不了许多，把相机放在地上，合力把绞在羊腿骨间的铁丝用力掰开，把羊取下放在地上，并把它已僵硬的脖子放正，好友从车上取出矿泉水迅速往羊嘴灌水，经过我们的耐心施救，过了很长时间，精疲力竭的黄羊才慢慢地蠕动着焦渴的舌头，舔着嘴唇上的水滴。我们欣喜万分，看到刘哥慈爱专心地给黄羊喂水的情景，我迅速抓起相机，记录下了这传奇经历中的永恒瞬间。

在整个救护过程中，胡杨林保护区拦网外远处的黄羊时而伫立凝目，时而焦急转圈不愿离去。这只在保护区内的母羊，肯定是看到了铁丝网外荒原中自由的同伴，才急欲想从网内跳出与大伙相聚，不幸被铁丝绞住了后腿受险。这是黄羊深秋合群的季节，是即将组成军团随家族进行迁徙的季节。正如春节期间因回家过年形成的世界上人数最多的春运潮，任何困难都难以阻挡生命本能中那颗想往"团聚"的心。

由于人类的大量捕杀，黄羊生存空间的日益缩小，种群和数量已日渐稀少，如今那种宏伟壮观的大规模迁徙现象已不复存在，只有白杨河流域、莫合台和铁厂沟荒原保护区内，还能见到零星的黄羊在有限的区域内活动。

初雪后开始合群的黄羊

作者为弥补心中的缺憾曾专程前往甘肃武威野生动物保护中心拍摄到散养的赛加羚羊

【赛加羚羊之殇】

赛加羚羊（高鼻羚羊），属牛科，有两个亚种，即俄罗斯亚种和蒙古亚种。是生活在中亚荒漠地区的一个特有物种。我国是原产国之一。新疆准噶尔盆地及西部甘家湖自然保护区和艾比湖，曾经是赛加羚羊原生栖息分布中心。大约在上世纪的五六十年代，博乐的阿拉山口、塔城的塔尔巴哈台山东段与萨吾尔山通往准噶尔盆地的出口，阿尔泰的吉木乃边境山口，都曾是大批赛加羚羊迁徙的重要通道，它们在准噶尔盆地越冬、春夏季回迁哈萨克斯坦产羔。

赛加羚羊鼻腔特别发达，那宽大的鼻子是为了适应寒冷、干燥气候地域的生活，还可以过滤荒原空气里的尘埃。它的毛色可变，夏季时皮毛为黄褐色，冬天则变为白色，逐水草而迁徙，中亚地区赛加羚羊冬季迁徙于中亚的南方越冬。哈萨克斯坦靠近中国新疆北部的赛加羚羊则迁徙于准噶尔盆地白杨河、艾比湖一带，到冬季在没有覆雪的草原上觅食生活，同时在这段时间交配。

赛加羚羊夏天毛短，呈淡棕黄色，由颈部沿着脊柱到尾基有一条深褐色的背中线，腹部白色；冬天毛长而密，全身几乎都是白色或污白色。雄兽的颊部、喉部和胸前都长着长毛，好似胡须一般。雌兽在头骨上有2个小突起。雄兽也有细长的角，但没有藏羚羊的角长。角呈琥珀色的半透明状，向阳光透视，角尖内有血丝和血斑样影，基部稍呈青灰色，圆形，有骨塞，名叫"羚羊塞"。

赛加羚羊全身是宝，羊绒被称做"软黄金"。雄性的羊生有美丽的角，羊角是名贵的中药材，角具有清热、平肝、镇痉、解毒疗疳的功能，是30种传统名贵中药配方中的主要成分，尤其是治疗儿童感冒中成药配方中的必需品，对感冒发烧有着奇特的治疗效果。据说，若遇高烧患者，只需用刀片轻轻在角尖端部刮下少许角质，温开水送服，20分钟内即可见退烧奇效，且无任何副作用。

据说在国际市场上，赛加羚羊角每公斤高达850—1500美金左右，国际市场每年的交易金额达数千万元。于是利令智昏的人们加剧了赛加羚羊种群灭绝的命运。

人类对自然的过度开发，尤其对迁徙通道的破坏、过度放牧、城镇化建设等，也是赛加羚羊生存环境受到巨大破坏的原因。

中哈边境线上建起铁丝网，造成来往于准噶尔盆地的迁徙通道中断，是赛加羚羊种群消失的又一重要因素。

到上世纪70年代中期，这种珍稀的药用野生动物在我国已基本消失。现仅存于中亚哈萨克斯坦，种群数量也呈直线下降趋势。后来我国引种回国，在甘肃和新疆半散养，为恢复野外种群进行实验和研究。《中国国家重点保护野生动物名录》将它作为一级保护对象，同时被国际自然资源保护联盟确定为濒危物种。

这种奇特的物种在原生地的消亡，像心爱的瑰宝遗失在远方，这是新疆北部这块神奇的土地永远无法弥补的殇痛。据传，近几年，有人曾在中哈边境禁区和乌苏甘家湖保护区，发现过赛加羚羊的踪影，可惜并无影像资料佐证。召唤赛加羚羊重返北疆神奇美丽的故乡，成为热爱这片故土的人们殷切的期待。

保护中心的赛加羚羊群

奔跑的赛加羚羊群

站在山顶的北山羊

【北山羊】

20年前和朋友相聚时，总能听到许多有关猎手、牧民与北山羊的故事。因为朋友长期戍边在塔尔巴哈台山的边防线上，对此见闻颇多，让我们这些没见过北山羊的人浮想联翩。直到多年后从事摄影工作，长期奔波在塔城地区的各个大山间，才慢慢对这种神秘的动物有了少许了解。

2006年8月份，一位玛依勒山驯鹰的哈萨克朋友带来消息，称在托里县玛依勒山喀拉乔克冬牧场，发现了一组非常珍贵的岩画群。最为震撼的是，一幅岩画上清晰地刻画着三只狼猎捕北山羊的动人画面。此画向来人诉说着一场惊心动魄的故事：一只狼静静地潜伏在北山羊必经之路上，等到头顶一双大角的北山羊经过时，一狼趁其不备，咬住山羊喉咙；另一只狼从后面咬住后胯；剩下的那只从侧面扑向北山羊。

生活在塔尔巴哈台地区的游牧人非常喜爱北山羊，对北山羊有深深的崇拜之情。塔尔巴哈台地区的各大草原牧场附近几乎都有岩画，记录着各种野生动物和原始先民狩猎、生产生活的画面。

带着那些长期萦绕在心中的谜团，慢慢走近北山羊的神秘世界。

北山羊，也叫野山羊，当地人们也叫野驹驴，学名叫羱羊。属偶蹄目牛科，是亚洲中部高山地带的典型动物。新疆境内的高山地带，从海拔3500—5600米均有北山羊的分布。塔城地区的吾日喀夏依山、萨吾尔山、巴尔鲁克山也有大量的分布。北山羊为国家一级保护动物。

北山羊体重有50—60千克，肩高1.2米左右，形似山羊，背部毛色浅棕，腰腹部白色，下颌有15厘米长的胡须，头顶一对很威武有横棱环纹、像大马刀似的弯角。

北山羊的大角虽然并不盘旋，但弯度一般也能达到半圈乃至2/3圈，这对像弯刀的角，倒插在羊头上，真是威风凛凛，别具一格。角形前宽后窄，横剖面近似三角形。北山羊每增长一岁，它的角就增加一个环棱，随着年龄的增长角也越来越长、像大树的年轮一样标志着它的年龄。据说北山羊的寿命为12—18年，也有资料说北山羊的寿命可达20—30年，

有记录的北山羊角长可达147.3厘米。这大角不但能帮北山羊在发情期用来格斗，还可抵御食肉类动物的攻击。特别神奇的是，北山羊遭遇险境时，还能够用巨角把自己倒悬挂在悬崖上进行自救，令捕食者无从下手而逃过一劫。

北山羊通常11月底到12月初发情交配，雄羊之间互相使出全力，以长角撞击，直到一方体力不支、败退逃走为止，胜者并不追击。雄羊追逐雌羊时常作出低头伸颈的姿势。

北山羊是新疆群居性最强的高山野羊，一般为4—10只，也有数十只甚至百余只组成的较大群体，由身强力壮的雄羊担任首领。它喜欢陡峻的石质高山。它的听觉、视觉和嗅觉皆异常灵敏，北山羊善于攀登和跳跃、攀岩技巧更奇更绝，蹄子极为坚实，有弹性的踵关节和像钳子一样的脚趾，能够自如地在险峻的乱石和直立的崖壁之间自如行走，纵情奔驰，常常使有"爬山能手"之称的雪豹也无可奈何。狼和狐狸不用计谋想捕获北山羊也不是轻而易举的事，时常面对在山崖峭壁上健步如飞的北山羊"望羊兴叹"。

北山羊白天多在裸岩上休息，早晨和黄昏才到较低的高山草甸处去觅食和饮水。北山羊经常栖息于海拔3500—6000米的高原裸岩和山腰碎石嶙峋的地带，冬天也不迁移到很低的地方，所以堪称栖居位置最高的哺乳类动物之一。

巴尔鲁克山寒冬季节落寂的北山羊

北山羊（头羊）

北山羊（哨羊）

北山羊是纪律性很强的动物。在自然界的长期艰难的生存过程中，形成和练就了一套完整的生存战略方法，就像一支纪律严明、分工明确的队伍。北山羊通常由头羊、哨羊、探羊、护队羊和众多的家庭成员构成一个体系完整的种群。

种群栖息时会由一只体型健壮的哨羊在高处站岗放哨，防备狼、雪豹、棕熊和猞猁等天敌的袭击。即使是在白天，也要警惕金雕、秃鹫和胡兀鹫等，对体弱的羊和幼仔发动的空中突然袭击。哨羊的职责就是发现险情立即报警，哨羊的警报非常奇特，它会用鼻子发出一种凄厉的声音，羊群听到警报后，迅速集合，然后在头羊的带领下，从熟知的羊道匆匆离去。行走时头羊领道，母羊和幼仔在中间，护羊在两边、有些公羊在羊群最后压阵，分工明确，秩序井然。

头羊在羊群的作用很大，直接关系种群的发展和壮大。头羊一般体型壮硕矫健，聪明且战斗经验丰富。头羊的地位是靠实力赢得的，每年的深秋交配期，在和其他公羊的无数次打斗中脱颖而出（在自然界没有世袭罔替这一说法），所以每一只头羊每时每刻都有危机感。这是在严酷的自然法则面前必须面临的抉择。一只富有智慧、经验丰富的头羊，会带领大家寻找比较安全的觅食场地和夜间的栖息处。

2007年，我和哈萨克牧民向导托肯来到吾日喀夏依山的们"野羊谷"，这是一道神奇的峡谷，山势高峻险绝，山体石质有别于附近其他山体，是铁红色的。越野车沿着蜿蜒的山谷行走，道路越来越崎岖，我们弃车步行，经过一个多小时的艰难跋涉，终于来到这片神秘的山谷腹地。行进时突然峰回路转，面前豁然开朗，显现一片南北走向的高山深谷，这时向导示意我放慢脚步，不要讲话，向前侧望，我们惊喜地发现了一只站在山头一动不动地望着山下的北山羊。

北山羊（探羊）

我们抑制不住激动的心情，快步向山前走去，脚踏在石头上发出声响，没想到惊动了站在山顶这只放哨的羊。只听一声清脆的哨音响过后，那些分散在半坡和谷地边缘吃草休息北山羊，从各个角度蜂拥而至，结群向山上逃去。羊群中有一只奇特的老北山羊，它的后背已经发白，一双大角几乎长至后胯。向导说，这就是一只头羊，就是人们传说中的"羊王"。没等我们回过神来，羊王从容不迫地带着羊群，沿着羊道向山上跑去。因为野山羊栖息地的山脉海拔较高，坡度很大，人根本无法和这些山羊赛跑。我们最终与这群北山羊失之交臂，遗憾地错失了一次很好的拍摄机遇，至今想来，仍为自己当时的莽撞和急躁后悔不已。

首次听说哨羊会吹哨子的事，是在向导托肯家的石头房子里，他家当时住在塔城盆地东部吾日喀夏依山的冬窝子。这里是前往野山羊谷地的必经之路，所以托肯还肩负着一项重要使命，就是替林业公安派出所暗中保护野生北山羊，防止被非法盗猎。因此，托肯有更多的机会接触观察这里的北山羊，并对它的生活习性有很深的了解。托肯说哨羊吹的哨音和牧人们放牧时打的口哨差不多，但比人发出的声音更大，传得更远。当时并未在意，后来有一次实地拍摄北山羊的过程中，在寂静的山谷与成群的北山羊相遇，突然听到一声高亢响亮的哨响，把我们吓了一跳，哨羊一声口哨，只见在洼地和山坡吃草的群羊便全部抬起头来，快速集中，由头羊带领向山上跑去。后查阅资料证实，这是北山羊遇险时本能地用响鼻发出的声音。

说起遭遇"探羊"的事，更是富有传奇色彩。

2009年深秋，朋友带来消息说，自己在巴尔鲁克山南的冬窝子查看秋草冬储存情况时，在巴尔鲁克山南的加曼铁热克特河、山谷发现大量的北山羊。10月19日清晨，我和朋友驱车从中哈边境巡逻公路绕行至此，虽说已到深秋季节，游牧的哈萨克牧人还没有转场回到这里。加曼铁热克特河谷满眼金黄，经过几个月的休憩这里的各种植物又恢复了勃勃生机，草深林密，各种野果挂满枝头。喜鹊、山雀、山鹑、石鸡在林间和草丛中欢快地鸣叫，自由地觅食。

我们沿着加曼铁热克特河边砂石便道，向深谷中慢慢行进，随着海拔逐步升高，谷地两边相峙的山越来越险峻，河谷中树木愈发茂密，河流也更加湍急。绕转过一道直立崖壁时，看到了一棵巨大沧桑的古山杨树，树叶已被秋色染得一片金黄，像是在无言地诉说着这里神秘。这里游牧的哈萨克人有崇拜古树的传统，在古树身上绑挂了许多花花绿绿的布条。静心远观山谷景致，在河谷水流声响的衬托下愈发显得深邃寂寥。

沿悬崖垂直跳下的北山羊

往里走了几公里，来到谷地中间的一块巨石边，这里就是托肯发现野山羊的地点。朋友让我们赶紧停车熄火，隐藏在巨石后的野柳丛里，静静地盯视河对岸一个"丁"字型的干山谷，耐心等待山羊群出现。大约过了两个小时，一只体格健壮约七八岁的公山羊出现了，它表现得十分谨慎，一路走走停停，四下张望，快出谷口时又沿着峭壁羊道向河边柳林走去，下到河边喝完水后返身离去。我清晰地看到野山羊的胡须因河水的浸湿沾成一绺，随手拿出相机赶紧抓拍，这只北山羊受惊后使出走壁绝技跳跃离去。朋友非常遗憾，指向山顶，我看到一群准备下山的北山羊群已开始回转。原来这是一只探羊，是来打探喝水途中是否安全的先锋。

有关护队羊的故事也有很多，在巴尔鲁克山野，就发生过狼尾随北山羊群，寻找机会攻击弱羊时，遇到4只护队羊联合用大角对抗狼，逼得狼落荒而逃的真实场景。

北山羊是一种非常聪明的野生羊类，在长期严酷的自然生存斗争过程中，为保护种群不受偷袭并得到早期预警，还学会了与一些与其他动物结成相互依存的伙伴关系。高山鸟类红嘴山鸦就是一例，每天清晨，红嘴山鸦会飞向很高的天空，活动于半径大约20多公里的区域范围，哪里有盘羊、北山羊，哪里有狼、狐狸、雪豹，都逃不脱红嘴山鸦的视野。而聪明的北山羊、盘羊会根据神奇的红嘴山鸦的鸣叫声的轻重缓急判断是否有危险，头羊还会根据红嘴山鸦鸣叫和飞翔的方向来决定自己的逃生方向和路线。有经验的猎人在狩猎时也会观察红嘴山鸦的动向而获取猎物。

据说北山羊的胃内常有硬块，即胃结石。中药名称为"羊哀"，有降胃气、解毒之功能，也有和胃止呕、行气消胀、宽胸解噎的作用，是名贵中药材。

初冬季节合群的北山羊群

站在山顶的盘羊

【盘羊（大头羊）】

寒露时节的一天，晨曦初露时的南巴尔鲁克山铁列克特河谷，草木结了一层淡淡的薄霜，河谷的山杨树、野柳树被秋霜浸染得金黄。行走在秋意浓浓的山谷，听着潺潺的流水声和石鸡呼朋引伴的"嘎、嘎"声，山谷愈发显得静谧幽深。欣赏着如此古朴的山野美景，回味着出行之前听到的许许多多有关大头羊荒野传奇的轶事，我这个首次去荒野拍摄野生盘羊的摄者，对这次行程油然而生了一种近乎朝圣般的感觉。

沿河谷走了大约十几公里的路程，在一个"T"形的山谷口转弯，沿着牧人放牧的自然道向右行走，越前行海拔越高，植被也越来越稀疏，和刚才的河谷类型迥异，山形开始变得浑圆大气，视野也比河谷地带开阔了许多。这是典型的浅山荒漠化区域，却是适合盘羊生存的区域。路越向上越崎岖，道面也越来越窄，路面上布满了羊蹄踩出的青黑色碎石块。汽车正在艰难地爬行，一道山梁横亘在我们面前，这时，初升的阳光正好斜射在山梁上，处在逆光影里的山脊映衬出一道金色的光边。蓦然间，一只像雄狮一样头扛着一对巨角的公盘羊，威风凛凛地站在山梁的路中间，挡住了我们的去路，它怒视着我们，一副凛然不可侵犯的模样。在初升阳光的绚丽光芒下，山梁上的盘羊仿佛是一座与大山浑然一体的金色雕像，又像是这大山的图腾。面对如此震撼的画面，被惊得目瞪口呆的我们，根本来不及反应取出相机。一眨眼功夫，又冒出一大一小两只盘羊。三只羊站在一起，好像要给我们留下深刻记忆似的，在山梁上一晃，就从我们眼前消失了。

像图腾一样站在山崖的盘羊，它的保护色与山体保持惊人的一致

初冬时节进入交配期的盘羊夫妇   聪明的盘羊也会根据山鸦的鸣叫判断自己是否有危险

　　这次出行虽没拍上那终生难忘的瞬间，但从内心深处感受到了南巴尔鲁克群山不同凡响的荒野魅力。回到哈萨克族朋友库尔哈吉的家，依然沉浸在刚刚经历的画意中，心情久久无法平静。作为朋友和向导的库尔哈吉，当然不能理解光影画面就是摄影人创作的灵魂，在荒野遇到盘羊对他来说是司空见惯的常事。他说，去年一个寒冷的大雪天，他家的两条猎狗，还曾在哈拉北提的山谷中相互配合，捕获了一只年老体弱的公盘羊。为证实他叙说的真实性，他特意带我们看了挂在他家房子墙上的那对沧桑美丽的大角。他继续讲：南巴尔鲁克山盘羊，不光体大美丽，还特有灵性和群体观念，有良知的猎手打猎时决不会猎杀"头羊"，因为盘羊群遇到危险时，是由有经验的头羊带领整个盘羊家族寻找安全的逃生通道。在现实生活中如果头羊不幸受伤或丧生，整个盘羊群成员会乱成一团，即使明知身处险境也不肯离开，而是团团围在倒下的头羊身边，哀鸣转圈不肯离去。如遇贪婪的猎人或凶残的天敌，失去头羊带领后的整个种群，如不及时找到新的头羊加入新群体因无法与天敌周旋，将难逃灭绝的命运。

　　盘羊，老百姓又叫大头羊、大角羊，也有书籍称"马可波罗盘羊"。它是一种生活在中亚高原上的野生羊，也是体型最大的绵羊。属偶蹄目牛科的中型食草动物，以其角的形状和大小及其体型，在新疆分为8个亚种。是国家二级保护动物。

　　600年前，意大利探险家马可·波罗来到中国，它在帕米尔高原发现了帕米尔盘羊，他对这种状似小牛，体重达200多千克的动物新奇万分。后来他把这种动物介绍到欧洲时，曾在欧洲引起不小的轰动，把它命名为"马克·波罗盘羊"。后来不断有冒险家和收藏家不远万里来到中国，以捕捉一只大角盘羊为荣。直至现在还有欧洲人以各种名义，花费两万美金在中国合法地猎取一只盘羊。

　　盘羊为中亚地代表动物，体毛灰棕，夹白毛，腹白，有白色臀斑。

　　盘羊是典型的山地动物，在新疆主要分布在阿勒泰山、天山、昆仑山、阿尔金山区，准噶尔西部山地等地区，常栖息于沙漠和山地交界的冲积平原和山地低谷中，海拔范围为2000—5000米，因地区而异。喜欢开阔、干燥的沙漠和大草原。嗅觉灵敏，不易接近。冬季大雪时，常下至平原或山谷中积雪较浅的地方。主要在晨昏活动，冬季也常常在白天觅食。以禾本科、葱属以及杂草为食。

塔城盘羊属准噶尔亚种，与帕米尔高原盘羊有很大区别，塔城盘羊体大，毛色较深，大角很粗壮。盘羊的视觉、听觉和嗅觉都很敏锐，性情机警，稍有动静便迅速逃遁。最特别的是它的蹄子，可以紧密附着于地，在光滑的岩面、陡峭的石壁上疾步如飞，如履平地。身上的毛色也与栖息地环境色保持着惊人的一致。塔城地区哈图山的盘羊，身上毛色变异成了易于保护自己的黄褐色，与所生活的哈图山红色风化花岗岩山体融为一色，如果盘羊静静的立在山崖，天敌是很难发现它的。随着生存空间越来越小，盘羊开始慢慢移居到人类难以到达的陡峭山谷生存，练就了一副奔跑跳跃、来去自如爬山的特殊本领。

盘羊常以小群活动，每群数量不多，数只至十多只的较常见，似乎不集成大群活动。冬季雌雄合群在一起活动，配种时期每只雄盘羊和数只雌盘羊一起生活，配种季节结束后又分开活动，雌盘羊产仔在第二年夏季。盘羊比较耐寒且极耐渴，能几天不喝水，冬天无水就吃雪。除了人类的捕杀，盘羊的主要天敌是狼和雪豹，金雕也是幼盘羊的主要敌害。

2007年11月9日，立冬过后的一个平常的日子，塔城巴尔鲁克山南的阿列特乔克山区，又纷纷扬扬下起了大雪，雪雾迷蒙中的

头羊带领的盘羊群

哈图山遇险受惊奔跑的盘羊群

大山雪线开始快速向山腰低处延伸（山海拔越高降雪越大）。风雪中行进的这群盘羊群在头羊的带领下，由阿列特乔克山大山深处向浅山地带迁徙。这支由19只盘羊组成的群落，在昨天刚刚发生了一件对家族来说意义非凡的大事，羊群中键壮的雄性盘羊在激烈争夺中获得交配权和领导权，成为它们的新头羊。

就在昨天，这只成熟起来的最有实力的公羊，向已经引领大家闯过无数次艰难险阻，化解了无数次被猎人和食肉类动物猎杀的危险，带领家族生活了六七年的"羊王"发起了强力挑战。两只威风凛凛的雄性大公羊决定以决斗来分胜负，两羊间距20多米相向而立，怒目相视，突然，伸长脖颈，顶着巨角，双蹄生风，风驰电掣般冲向对方。"砰"撞击中瞬间发出的沉闷巨响，震动了宁静的山野，在山谷久久回荡。山谷渐渐平静后，鏖战已经结束，昔日的"羊王"垂首而立，宣告落败，它的一只巨角上留下深深的伤痕，另一只往外上方卷曲的部分已断裂。在以后的岁月里，这只当年叱咤风云的羊王，只能远离羊群，孤独寂寞地独自生活在荒野。即使偶遇其他羊群，也随时会遭到新头羊的无情攻击。这只盘羊会随着岁月的流逝慢慢老去，体力也会越来越弱，就是侥幸不受到其他食肉动物的攻击丧命，也会受到自己已残的巨大羊角妨碍，因无法采食而命丧荒野。

羊群中新产生的头羊会继续带领着自己的家族成员，生活在危机四伏的南巴尔鲁克荒野。盘羊采食或休息也会有一头成年羊在高处瞭望，它能及时发现很远地方的异常，当危险来临，即向群体发出信号。在漫长的冬季，盘羊群随时都会遇到饥肠辘辘的狼群袭击。这时强壮的头羊会机智地带领群羊迅速逃离。逃跑时由另外几只体健角大的公羊断后，羊群在奔跑过程中见无法甩掉狼时，有勇敢的公羊会把狼引诱到山

浑身充满活力的头羊

顶，到达高山悬崖时羊会回过头与狼相峙。狼因惧怕盘羊的大角，不敢轻举妄动。如果遇到几只狼共同围攻打持久战，盘羊会及时调整战略，做出令猎食者惊恐的自杀式一搏，盘羊会毫不犹豫地头朝下从几十米高的悬崖头栽去，一声巨响后，大角先着地的盘羊，在尘土未落时又一个灵巧的翻滚，迅速站起来继续逃离。原来，由于盘羊角的特殊结构，能在巨大撞击时起到保护脑袋免受伤害的作用。率先攻击的狼因扑空落入悬崖摔得粉身碎骨，配合侧应的狼只能眼睁睁看着盘羊匆匆离去。

有一年深秋季节，塔城的哈图山区，就曾发生过狼群攻击盘羊群的惊险一幕。哨羊在很远的高点发现狼群潜藏在枯黄的秋草丛中，慢慢地从三个方向羊群靠近时，迅速给分散的羊发出警报。盘羊群立即集结，由头羊带路，其他公羊在两侧和后尾相护快速离去。狼群见计划败落，不再隐藏开始奋起追赶羊群。这时盘羊群逃离的方向已腾起一阵黄色沙尘，狼群紧紧尾随羊群寻找着适合下口的目标。一路相持了很长时间，盘羊群始终无法脱离危险，突然，羊群右侧的一只公羊离开羊群向一侧小山谷跑去，狼群随即也停止对盘羊群的追赶，共同把捕食的目标指向这只离群的孤羊。这只公盘羊的命运自然是可想而知的。正是因为有这样一只、两只……这样勇于担当和献身的公羊在荒野上演的凄美故事，才使盘羊家族一年年、一代代在塔尔巴哈台广袤美丽的荒原

两羊争斗落败，默默离去的昔日"羊王"

昔日的"羊王"会随着岁月的流逝，无助地在荒野慢慢的老去

生生不息，繁衍壮大。

　　盘羊最美和最神奇的，当属头顶上的那双大角，盘羊雌雄均有角，但形状和大小明显不同。雄性角特别大，呈螺旋状扭曲一圈多，角外侧有明显而狭窄的环棱。雄羊角自头顶长出后，两角略微向外侧后上方延伸，随即再向后下方及前方弯转，角尖最后又微微往外上方卷曲，故形成明显螺旋状角形，角基一般特别粗大而稍呈浑圆状，至角尖段则又呈刀片状，角长可达1.45米上下，巨大的角和头及身体显得不相称。雌羊角形简单，角体也明显较雄羊短细，角长不超过0.5米，角形呈镰刀状。比起其他一些羊类,雌盘羊角明显粗大。

　　盘羊的大角对它在自然界的生存有着重要的实际意义，同时又因那绝美的大角为自己招来猎杀的灾祸。任何一对盘羊美丽的大角，都是一部能读出它沧桑经历的书，都是寻踪它在非同寻常的荒野险境中生存的不朽史诗。

【雪兔】

小雪过后，一场寒流像嘶叫的马群，从俄罗斯的乌拉尔山南下，穿越西伯利亚平原，跨过阿勒泰山脉，把刺骨的严寒撒满了塔尔巴哈台雪原。气温急剧变化，一夜间大地已变得无比坚硬，河流已冰冻，只有活的泉水像沸腾的开水热气氤氲，泉边的柳树、榆树上雾凇沆砀，晶莹剔透，在阳光下熠熠生辉。牧民和骑的马呼出的热气，顷刻间就凝成白霜，人和马变得须发皆白……

零下30几度的严寒，塔尔巴哈台笼罩着一片萧条和死寂的气氛，仿佛成了生命的禁区，荒野中还有生命的踪迹吗？

顺行荒野，生命在塔尔巴哈台有限的区域里，依然迸发着勃勃生机。田鹬、乌鸫、太平鸟在挂霜的沙枣树枝觅食，啄食味道甘甜的沙枣；野鸭子在冒着热气的泉水中游弋。在美丽的塔尔巴哈台山南部的山前平原上，还生活着一种奇特的动物，它的毛色会随着气候的变化而发生改变。大地未被完全覆盖时毛色白灰黄斑驳相间，等到塔尔巴哈台整个大地完全变白时，它的毛色又神奇般地与大地雪原保持惊人的一致，变得雪白。它就是雪兔——欧亚大陆北部寒带、亚寒带的代表物种之一。

塔尔巴哈台地区深冬时的雪兔，毛色已由原来的灰黄色，完全变白直到毛的根部，只有耳尖和眼圈有稍许黑褐色，前后脚掌为淡黄色，已完全与所处的环境融为一色。雪兔也叫变色兔，是我国唯一冬季毛色变白的野兔。毛色冬夏差异很大。冬毛长而

寒流下的塔城乡村泉水地

塔尔巴哈台雪原公雪兔

密，体侧与腹部毛最长，通体白色；夏毛较短，背部黄褐色，额部黄褐色比背部更显著。眼周白色圈狭窄，腹部白色。雪兔躯体略大于草兔。前足短后足长，尾长短于耳长。雪兔的腿肌发达而有力，前腿较短，具5趾，后腿较长，具4趾，脚下的毛多而蓬松，雪兔鼻腔大，下门齿长而坚固，这些既是对寒冷地域的适应，也表明它是更为进化的物种。

雪兔的耳朵较家兔短，这是因为在寒冷的地带，不仅需要布满毛细血管的大耳朵来散热，而且要常常将耳朵紧紧地贴在背上，以保存热量。它的眼睛较大，置于头的两侧，为其提供了大范围的视野，可以同时前视、后视、侧视和上视。唯一的缺陷是眼睛间的距离太大，要靠左右移动面部才能看清物体，在快速奔跑时，往往来不及转动面部，遇危险时会偶然撞到墙或树。

雪兔一般在清晨、黄昏及夜里出来活动觅食，白天则机警地藏在林间自己挖的雪洞中睡觉，或静静地等待觅食机会。雪兔从来不走回头路，夜间在田野和树林间活动时，一般情况下，雪地上留下的足迹是一直向前的。天快亮时，雪兔开始撒腿蹿到一边，离开夜间活动时的路线，左右迂回绕道进窝。接近窝边时，先绕着圈子走，屏息凝神，侧耳细听，然后慢慢倒退着进窝。这样费尽心思用以迷惑企图循足迹捕杀它的敌人。

雪兔聪明而机警，行动无一定规律，出外活动时，通常先竖起耳朵倾听四周动静后决定去向，离窝前还会制造假象使兔窝不被天敌发现。它的听觉和嗅觉十分灵敏，巢穴通常都在略微通风的地方，睡觉时鼻子朝上，以便随时嗅到随风飘来的天敌气味，两只耳朵也警惕地辨别异常的声音。

　　塔尔巴哈台地区冬季来临，雪兔会挖一些一米多深的雪洞，穴居在里面，并在雪地上形成纵横交错迷惑天敌的跑道。遇到危险时，它两眼圆睁，耳朵紧贴在背上，呈低蹲伏，常常由于具一身与环境相仿的保护色，而轻易躲过天敌的袭击。雪兔善于跳跃和爬山，也适于在雪原上行走。平时活动多为缓慢跳跃，受惊时便一跃而起，以迅雷不及掩耳的速度飞驰而去，顷刻间消失得无影无踪。它在快跑时一跃可达3米多远，跑动之中常常腾空而起，高达1米左右，在奔跑时时速可达50公里左右，是世界上跑得最快的野生动物之一。雪兔在奔跑时还能突然止步或急转弯用以摆脱天敌的追击。

　　雪兔的粪便有两种形状，一种是圆形的硬粪便，是一边吃草一边排出的；另一种是由盲肠富集了大量维生素和蛋白质，由胶

受惊跳起的雪兔

雪原上奔跑的母雪兔

膜裹着的软粪便，在排这种粪便时，雪兔会将嘴伸到尾下接住，再重新吃掉，以充分利用其中比普通粪便中多4—5倍的维生素和蛋白质等营养物质。正是因为具有这种双重消化的功能，雪兔才能忍饥挨饿隐藏起来，忍受恶劣的自然环境，并避免天敌的侵袭。雪兔干燥的粪便还可以入药，药名望月砂，能明目、杀虫，治目暗生翳、疳疾、痔瘘。

雪兔几乎是所有猛兽、猛禽和蛇类等的猎捕对象，主要天敌有猞猁、狼、狐狸、猫头鹰、雪鹗等。因此，雪兔生活在一个极不安宁的环境里，随时都有被捕食的危险，它总是处于紧张状态。然而，它还是凭借一身随环境而变化的毛色，敏锐而警觉的感官，固有的御敌本领和较强的繁殖能力，世世代代顽强地在塔尔巴哈台的大地生存了下来。

雪兔主要生活在塔城盆地周边的前山草原地带，如塔尔巴哈台山前的阿西尔乡、恰夏乡、农九师北线的几个团场、额敏县的吾日喀夏依山前平原和裕民县巴尔鲁克山的部分区域都有分布。令人费解的是额敏河流域的库鲁斯台草原腹地却没有雪兔生存，只生活有数量很多的野生草兔子。这些野兔的大量存在，给孤寂漫长的塔尔巴哈台荒野带来了无限生机。

雪兔属于珍稀动物，是国家二级保护动物。由于雪兔体型大，冬季的皮毛质量好，肉质鲜美且蛋白质含量高，一直成为人类重要的冬猎对象。近几年由于生态恶化及人为贪婪的非法捕猎，雪兔这塔尔巴哈台雪原最为古老的物种已日渐稀少，随时面临种群灭绝的危险。

春季的塔城库鲁斯塔草原湿地水泡子

每年春季汛期额敏河边的打鱼人

【塔城"南湖鱼"】

说起塔城，最能勾起人们美好记忆的，应该非南湖莫属。南湖，并非塔城南面的湖，而是全国第二大内陆草原——库鲁斯台草原，这块连片草原是额敏河流域春汛期由上万个水泡子组成的大面积湿地（4—5月形成湿地，6月份以后成草原），被人们形象地称为塔额盆地的"肺"。是每年春季塔额盆地"三山"各路水系泄洪蓄积之地。

每年4—6月间，是额敏河的春汛期，随着冰雪消融，东西纵贯南湖湿地的额敏河迅速暴涨，南湖区域段，骤然形成一片面积达几十万亩的汪洋泽国，这里芨芨草芦苇丛生，水生植被茂盛。此时正值南来北往的各种候鸟的大迁徙时节，灰雁、天鹅、灰鹤等鸟类都在此停留歇息，常年生长在此的野猪、狐狸、狼等动物也开始活跃起来，还有各种各样的阿拉湖鱼类，沿额敏河洪汛期逆流而上，洄游到此地产卵。这段时间的南湖，是各种动物齐聚的胜地，演绎着各种各样的动人故事，呈现出无限美好和谐的自然生态奇观。

听当地打猎的人讲，上世纪80年代初，若要狩猎，到南湖只需两天，打回来的野鸭子、灰雁等野生动物可以用麻袋来装。在南湖捕鱼的人，撒下渔网，有时几个人协同才能收网，可见当时的鱼量之多。后来有贪心的渔人竟用拖拉机拉网捕鱼。打回的鱼一时无法吃完，遗弃又可惜，干脆把这些野生鱼制成熏鱼、风干鱼等。这种吃鱼方法现在已成为独特的地方风味，成为寻常百姓家餐桌上的一道美食。

春汛期，从中哈边境线往东大约四十公里左右的区域，都活跃着打鱼人的身影，捕获的鱼种类很多，主要有黄鱼、鲤鱼、欧鳊和鲫鱼等。据称曾有人捕获过18公斤重的鲤鱼、五六公斤重的黄鱼。由于阿拉湖的水源系自然高山融雪水，水质优良没有受到任何工业化带来的污染，受气候条件和优越的自然条件影响，这里出产的鱼类肉质鲜美、劲道，口感回味悠长，被当地人亲切地称为"塔城南湖鱼"。这些鱼与著名的阿勒泰额尔齐斯河鱼、福海鱼、伊犁河的罗鲋鱼、赛里木湖的高山冷水鲑一道，成为驰名疆内外的地方名鱼。

春汛时在额敏河捕到重达8千克的南湖鲤鱼

春汛时捕到的南湖欧鳊

打鱼人在额敏河桥坎所形成的鱼窝撒网

一网下去可以捕获几十公斤的鱼

【塔城高山冷水"石头鱼"】

长期生活在塔城的人，尤其是喜欢野游和打猎的人，都熟悉塔城的塔尔巴哈台山、额敏的吾日喀夏依山、裕民的巴尔鲁克山中的各处河流。在这些海拔较高的山谷河溪中，生长着一种全身无鳞，体色淡黄，状似木棒的高山冷水鱼，当地人叫"石头鱼"，也叫"棒子鱼"、"雪鲟"等。有关石头鱼的名称，有人认为是因为这种鱼喜欢于夜间在浅水区用嘴附着水中的石头，也有的认为是由于石头鱼身上的斑点与河中的石头形状和颜色接近而得名。

石头鱼适合生长在冰冷的河水中，离开原生溪水就会立即死亡。有经验的人会用网兜扎口放到原水中，收网回家时再取出鱼，就保证了鱼的新鲜性。如果在烹煮时使用原溪水，出锅时放入野大葱之类野生植物，更是味美醇香，妙不可言。

上世纪90年代，朋友白进昌在塔城北山铁列克提戍边，邀请几家好友游玩。白哥说门前的小溪有很多鱼，因为当地的哈萨克牧人没有食鱼的习惯，孩子们听说后非常兴奋，没有鱼网，陈武捡了一片废弃的旧纱窗，制作了简易的网，提上水桶和孩子们去网鱼，一会儿功夫就捞了两水桶石头鱼，拿回来清洗后，用原溪水炖了一锅，只放了简单的调料。再挑大点的用火烤，不多时满院飘香，等汤汁炖的发白时大家开始食用，想起那美味至今还回味无穷。

后来结识了喜欢野游和渔猎的朋友胡建明后，对石头鱼有了更深的了解，知道这种鱼名叫"新疆裸重唇鱼"或"斑重唇

塔尔巴哈台高山冷水鱼

高山石头鱼正侧面

高山石头鱼腹面

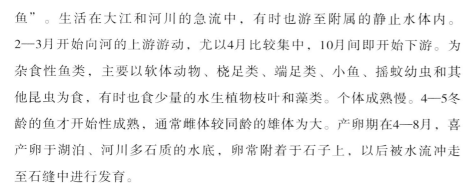

高山冷水鱼

鱼"。生活在大江和河川的急流中，有时也游至附属的静止水体内。2—3月开始向河的上游游动，尤以4月比较集中，10月间即开始下游。为杂食性鱼类，主要以软体动物、桡足类、端足类、小鱼、摇蚊幼虫和其他昆虫为食，有时也食少量的水生植物枝叶和藻类。个体成熟慢。4—5冬龄的鱼才开始性成熟，通常雌体较同龄的雄体为大。产卵期在4—8月，喜产卵于湖泊、河川多石质的水底，卵常附着于石子上，以后被水流冲走至石缝中进行发育。

新疆的伊犁河、乌鲁木齐河、楚河、塔拉斯河、锡尔河、阿拉湖、斋桑湖等水系及中亚的部分水体中，均有石头鱼分布。它个体较大，一般能长至30—50厘米，最大可重达3千克左右。肉味鲜美，脂肪含量丰富。干制或熏制，可以久藏和远运，为贵重的经济鱼类。不过其卵有毒，加工时须剔除干净。

上世纪七八十年代，在塔城北山任何一道小溪沟内，都可以捕到石头鱼，有时不到两小时所捕获的鱼用面粉袋都装不下。在裕民县巴尔鲁克山塔斯提河，有人还捕捉到过重达一千克左右的大鱼。可惜现今这种珍稀的鱼类在塔城各地日渐稀少，有些地方已经绝迹。这是人们近似毁灭性的捕捞方法导致的，一些不道德的偷捕者，用下药或电网等方法，使整条水溪的鱼类灭绝。

塔尔巴哈台山喀浪古尔河源头瀑布

中国第二大内陆草原——塔城库鲁斯台草原

迁徙季节在塔城库鲁斯台草原，短暂歇息的棕头鸥

【塔城鸟类】

塔城地区占地面积10万平方公里，与内地一些省份的面积相当，由于地理分布不同，这块幅员辽阔的土地呈现出多样化特色。从天山以北至阿尔泰的乌伦古湖，生态环境类型分别为雪山、森林、洪冲积草原、湿地，准噶尔盆地荒漠。从准噶尔盆地往西，穿越准噶尔西部山地，就来到素有"塞外江南"之誉的塔城盆地。

塔城地区三面环山，中部为全国第二大内陆草原库鲁斯台草原。地理自然环境独树一帜，独特的自然条件和优越的气候因素，造就了全疆独一无二的动植物种类富集多样性区域。仅就鸟类的丰富性而言，可以毫不夸张地讲，新疆生存的鸟类当中，有90%塔城地区都能见到。

塔城盆地有广阔肥美的大草原，有大面积的湿地和众多的小湖泊。加之塔城盆地动植物种类繁多，食物资源富集，是候鸟南北迁徙的重要通道，也是众多鸟类在迁徙途中觅食、补充营养的理想之地。

每年4月份起，塔城盆地积雪融化，成千上万的候鸟开始迁徙至此。有的继续向北飞向遥远的西伯利亚平原，有的则结对配偶，栖息在塔城盆地繁殖后代。10月份，当塔尔巴哈台山顶开始有积雪的时候，不计其数的候鸟又返程途经塔城盆地停留歇息，补充能量。候鸟中数量多、种群大的当数灰雁、天鹅、灰鹤和野鸭，候鸟飞过时，振翅高呼，遮天蔽日，气势非凡，那种壮观的场面令初见者震撼不已。

塔城盆地自西向东（中哈边境线—额敏的吾日喀夏依山）65—75公里的距离，南北分布有3条重要的候鸟迁徙通道，分别是塔城市拉巴湖—萨孜湖；恰夏乡—奇巴迭地—额敏河；额敏县十月乡—铁厂沟谷地—加依尔通道。

在塔尔巴哈台前山，由东到西大约40公里长、宽3公里的区域，是国家濒危一级保护动物——草原珍禽大鸨的原生繁殖地，塔

城盆地生活的鸨类有3个亚种。尤其是大鸨这个指名亚种，不同于内蒙、陕西一带的普通亚种，在全国都是独一无二的。

塔城的库鲁斯台草原（半荒漠区域）是野生玻斑鸨的栖息繁殖地。托里县萨孜草原是小鸨的原生栖息繁殖地。

塔城地区的沙湾县、乌苏市等沿天山一带是暗腹雪鸡的栖息地。塔城的塔尔巴哈台山和裕民县巴尔鲁克山是黑琴鸡、雉鸡、石鸡、山鹑等鸟类的栖息地。

秃鹫、金雕、草原雕、鸢、隼等猛禽类，在塔城地区也有大量的分布。平时还有很多迷鸟生活在这片美丽的热土上。如蛎鹬、银鸥、棕头鸥……。

除了春秋两季成千上万在此中转休整的候鸟，塔尔巴哈台地区一年四季也生存着种类繁多的留鸟，如乌鸫、田鸫、槲鸫、黑琴鸡、灰山鹑、灰斑鸠、鹊鸲、猫头鹰、雪鸮、长耳鸮、太平鸟、大山雀、长尾朱雀等。这些留鸟给塔尔巴哈台漫长枯寂的冬季带来了无限美好的生机。

独特富集的盆地自然环境，就是库鲁斯台草原腹地牧人所散养的鹅，也吸引了掉队野生灰雁的加入

塔城南湖秋季即将迁徙集结的野鸭群

5—6月份牧人发现大鸨的卵

7月份在库鲁斯台草原发现的幼大鸨

【草原珍禽——大鸨】

它是草原上体型最大的鸟。

它是体态优美、气质高贵、堪与天鹅相媲美的鸟。

关于这美丽而迷人的鸟，有许多令人费解的传说和谜一样的故事。

美丽的塔尔巴哈台山，海拔800—1000米左右的前山丘陵地带，每年的4—5月份，就会看到这种鸟来到人迹罕至的隐蔽地带栖息，繁衍自己的后代。时令过了秋分，到了寒露的时节（9月下旬至10月上旬），塔尔巴哈台山顶已落了首场雪，这些大鸟便开始合群，形成5—15只数量不等的种群，自由自在地来到塔尔巴哈台前山觅食，已披上绿装的冬麦田，收获过的打瓜地里，都可以见到她们美丽的身影。这些地方在未垦前，都曾是这些大鸟祖祖辈辈繁衍栖息的野生草原。虽说生存环境与以往已发生很大的变化，但这些珍禽仍眷恋祖辈千百年来的原生地，每年都来眷顾，为这块神奇的土地增添了靓丽的风景。

小雪过后（11月中旬），塔城盆地第一场大雪降临前夕，这些神秘的鸟类才会从人们的视野中消失，迁徙到另外一处神秘地越冬。来年的春天（4月初）它们又呼朋引伴飞回故地。

塔尔巴哈台山前山草原山花丛中的大鸨

塔尔巴哈台浅山草原飞翔的大鸨

这种美丽的大鸟名叫大鸨，它身高背宽，雄鸟体长可达1米，两翅展开有2米多，高约0.7米，体重约10公斤左右。雌鸟相比雄鸟要小的多。雄鸟的头部深灰色，喉上有纤羽向外突出，很像胡须，雌鸟没有。大鸨体背棕黄色，并有黑色斑纹，它的腿很长，只有3个脚趾，没有后趾，有点像鸭蹼。

4—5月间是大鸨的繁殖季节，雄鸟会把尾部羽毛朝天竖起，脖子和翅膀上的羽毛也直立起来，同时将胸部鼓成球型，在雌鸟面前来回扭动，以示求爱，雌鸟一旦接受求爱后便进行交配，交配完毕后各奔东西。生儿育女的重任全部落到雌鸟身上，雌鸟每次产蛋2—4枚，卵为青绿色。

大鸨的鸣管已经退化，因此不能大声鸣叫。有人认为大鸨是哑巴，事实上大鸨有舌，只是小一点，发情时也会发出低沉的鸣声。

大鸨形体美丽，因体形过大，行走时显得较为笨拙。但它们非常聪明机警，觅食时，总会有一两只大鸨昂首观察周围环境，发现危险立即警告同伴，突然受惊时会助跑一阵后起飞。

大鸨在我国分布有两个亚种：即指名亚种和普通亚种。

指名亚种分布在新疆的阿尔泰、塔尔巴哈台山、天山、吐鲁番和南疆喀什等地。据专家讲，冬季迁徙时活动于吐鲁番和喀什等地。普通亚种分布在东北的西部，内蒙古等地，冬季迁徙至陕西的关中平原等地，经辽宁和华北，在黄河、长江流域越冬。

大鸨食性杂，既吃素，又吃荤。喜食野草，又食甲虫，尤其爱吃蝗虫、毛虫等，也被誉为草原上的灭蝗能手。秋季时到农田吃食麦苗，捡食散落在地里的打瓜籽、麦粒等。

有人纳闷：这样一种体态高贵，羽毛美丽的珍禽，为什么有"大鸨"这样带贬意的名字呢？

大鸨，别名地青鸨，羊须鸨，古书上称为"独豹"，塔城当地农民也称为"黄雁"。这些名字都是人们对这种神秘的大鸟缺乏科学的认识，仅凭传说和大略体貌特征揣度的讹传而已。

在我国，公元500年左右，在典籍当中就有关于大鸨的记载，《诗经·唐风·鸨羽》中有"肃肃鸨羽，集于苞栩"之句。古时人们对大鸨的繁殖习性、雌雄特征等不甚了解，民间传说认为，大鸨天生只有雌鸟而无雄鸟。大鸨没有固定的伴侣，行为放荡，是一种能和任何雄鸟配对成亲的"万鸟之妻"。甚至一些古书中也有类似的错误记述，如《国语》中书："鸨，纯雌无雄，与它鸟合。"明代朱权《丹丘先生曲论》曰："妓女之老者曰鸨。鸨似雁而大，无后趾。虎文。喜淫而无厌，诸鸟求之即就，世呼独豹者是也？"清代《古今图书集成》也云："……鸨鸟为众鸟所淫，相传老娼呼鸨出于此。"故因认识偏差误传而起名为"大鸨"。

禽类大都有4趾，而大鸨只有3个脚趾，无后趾，颇像水禽蹼，腿长，较粗壮，奔跑起来健步如飞，甚至可以赛过小跑的马。"地鵏"之名由此而来。

"羊须鸨"的名称好理解，大鸨雄鸟长有胡须，就像山羊的胡须一样。由于大鸨的外表长了一身美丽的羽纹，与豹子身上的

深秋季节在塔城盆地麦田的大鸨

深秋季节塔城农区飞翔的大鸨

塔城盆地第一场小雪后仍在此地栖息的大鸨

花纹近似，也有人们感性地称它"独豹"。

　　虽说大鸨有一个不雅的名字，但丝毫未影响人类对它贪婪攫取之心。自古人们就认为"上有天鹅，下有地鸨"，大鸨肉味鲜美，细嫩清香。据称最佳的要数幼鸨肉，其味妙不可言，无与伦比。鸨肉和脂肪，可以入药治病。《本草正要》记它"主治补益虚人，怯风痹气"。它的脂肪，《本草纲目》云"可长毛发，泽肌肤，涂痛肿"。它的羽毛又是非常美丽的装饰品。

　　人类无节制的猎杀，使大鸨数量急剧减少。大鸨不易驯化，人工养殖难度特别大，加之自然生态环境急剧恶化，现今大鸨已是濒临灭绝的珍禽，为国家一级保护动物，全国仅存活2000只左右，有的说法是仅存500只左右。在塔城盆地，大约有200只左右。如果不加以保护，这美丽的珍禽也将会从人们的视野中消失。

塔城盆地第一场小雪后仍在此地栖息的大鸨

冬季觅食的暗腹雪鸡

【雪鸡】

农历的春分过后，塔尔巴哈台的大地已是冰雪初融。这时南巴尔鲁克山的最高峰坤塔普汗峰依然是白雪皑皑，浅山地带速生草已冒出淡淡的绿意，一场不小的春雨过后，巴尔鲁克山天蓝如水洗，放眼望去，高耸的坤塔普汗雪山云雾缭绕，未被云雾弥漫的部分雪山，在阳光的照射下反射出刺眼的光芒。

我们来到这空气清新的静谧山野中，脚踩在柔软的枯草上，静享着迷人的初春美景。

突然，一声吹口哨般的清脆叫声划破山谷的寂静，环顾四周，原来是那立在不同山头上的，与初春山野颜色融为一体的麻花灰色野鸡，彼此你呼我应表明各自的存在。摄友说："快看，是雪鸡！"也许是我们这些不速之客惊扰了雪鸡的平静生活，它们开始在雄鸡的带领下成群结对地飞起来，从眼前的山头连飞带滑翔地飞往临近山体的半山腰，"扑扑啦啦"降落后，边采食边向山上走去。我们欣喜万分，快速隐藏在视野良好的位置观察拍摄。等到中午时分，看到雪鸡到达山顶并停下来进食，在温暖的阳光下梳理羽毛，惬意地晒着太阳。下午时分，雪鸡开始起身飞回原来的山腰，进行一天中的第二次觅食。早先就曾听牧人讲，巴尔鲁克深山雪线上有一种鸟，和生活在天山雪山中的奇鸟非常相似。每年的4月份，它在

暗腹雪鸡

坤塔普汗峰雪线附近已长出嫩草的地段觅食，同时也在此地繁育幼雏。这种鸟为一夫一妻制，有很强的领域性，在繁殖季节会为领地发生争斗。它的腹部为暗色，具有细小的波纹状花斑，嗉囊处羽毛具有白色或草黄色缘边，喉部围以栗棕色带纹。当地的哈萨克牧民把这种美丽的鸟叫"吾拉尔"。它的学名叫"天山雪鸡"，属雉科，草食性鸟类，是我国特有的珍禽品种，为国家二级保护动物。

　　自古以来，雪鸡便被人们称为"食中珍品"，认为它有重要的药补功能。这是因为雪鸡是世界上生活地域最高的鸡类，一般分布在海拔3000—6000米，直至雪线以上。雪鸡的食物以植物的根、茎、叶为主。雪鸡常年栖息于高山，生性胆怯，平时警惕性很高，群鸡在休息和采食时，常有一只或几只老鸡站在视线良好的地方，站岗放哨，如遇险情，会立即鸣叫示警，群鸡马上会飞离险地。平时想见到雪鸡十分不易，想捕获它更是困难。

　　据说雪鸡在采食时，会吃到大量的高山珍贵中草药，深秋时猎获的雪鸡，嗉囊里有一种浓郁的药香。人在病后或产后食用，有滋补身体、迅速恢复健康之效，还具有滋阴壮阳、镇痉、解毒的功能。哈萨克牧人说雪鸡还能治疯狗咬伤及风湿症等。这些因素都成为导致雪鸡被捕杀的重要原因。

冬季觅食的暗腹雪鸡

初春时的黑琴鸡（摄于巴尔鲁克山）

【寻拍黑鸡轶事】

早些年间朋友们相聚时，曾说到狩猎黑鸡的故事，后来随着拍摄野生动物的活动，听向导和影友提到有关当地人和黑鸡的轶事越来越多，那种想探究黑鸡的欲望就越发强烈。根据朋友提供的信息，我曾多次往返于巴尔鲁克山和塔尔巴哈台山寻找黑鸡，始终未能如愿。

2008年金秋时节，好朋友刘哥根据自己多年的经验，认为当时才是拍摄黑鸡的最佳时节，经过精心准备，我们驱车前往塔尔巴哈台山东段额敏县的乌勒塔拉克沟谷寻拍黑鸡。

深秋季节在向导的帮助下，在黑琴鸡的栖息地寻拍黑鸡

到了达因苏时，向导说去乌勒塔拉克沟的道路不通，只好另选一处可能会有黑鸡的地方。金秋时节的达因苏谷地气候宜人，路旁的田野庄稼已收获完毕，路旁的老榆树在肥美的黑土地滋养下长得郁郁葱葱，枝叶已变得黄绿斑驳。两边的树枝头已紧密相交一体，形成几公里长光影陆离的倒"U"形通道，美不胜收。

沿着达因苏河向上游行走，来到铁克萨依，看到沿河两岸的野果树透出了成熟的色彩，透着着浓郁的金秋气息。来到阿克塔斯的"野猪沟"时，正值下午，天空又下起了小雨，山区的秋意更浓，被雨水冲刷过的黄叶透过一种沁人心脾的美。远山上的兔儿条灌木、秋草也披上了多彩的羽衣，伴着这美丽而迷人的秋色。

我们沿着曲折的山路继续向深山走。途中听刘哥讲，黑琴鸡一般都生活在人迹罕至的地方，通常在周边有茂密灌木、中间开阔的草地觅食，因为这种地形环境有丰富的食物来源，如突遇危险，遭金雕、苍鹰、狐狸等天敌突袭时，黑野鸡可以迅速钻入灌木丛逃之夭夭。那些天敌则因畏惧荆棘阻挡，只能眼睁睁看着那些肥美的猎物逃脱。正说话时，刘哥就发现前边不远处开阔地上有一只黑鸡，示意我赶紧准备好相机，他开着车慢慢向黑鸡靠近，这是我第一次见到黑鸡，当车离黑鸡大约50米左右距离时，

雨中的黑琴鸡（雄鸡）

站在山杨树上的黑琴鸡（雌鸡）

我摇下窗户玻璃，按捺住激动的心情，迎着小雨把镜头对准那只卧在草丛中的黑鸡，"咔嚓"按下快门，拍下了这张非常有意义的照片《秋雨中的黑琴鸡》。一连拍了二三张，当我们试图再靠近时，那只黑鸡发现了我们，起身仓皇地向远处飞去。

黑鸡飞走了，我们还沉浸在喜悦中，看着脚下这块土地，这里的地形非常适合黑野鸡生存，开阔地周边是浓密的灌木，不远处还有几棵满树虬枝的山杨树，因为今天的天气，黑鸡正卧在草丛躲风避雨。若是晴天，它们便会成群栖息在山杨树枝头，在树上视野更广也更安全。我们缓缓行驶在返回的山路上，刘哥又继续讲道，黑野鸡看似精灵，其实警惕性很差，而且它还是聋子，人们打猎时如遇到成群黑鸡，人不下车，用枪打，枪响打死一只，其余的黑鸡充耳不闻，有的围着这只黑鸡看，一副无动于衷的模样，有的自顾自地低头觅食，再打一枪，依旧如此，所以猎手们认为黑鸡是"傻鸡"，是"聋鸡"。黑鸡数量现在已很少，除环境被人为破坏的因素，黑鸡的这一特性也是造成它种群数量急剧减少的原因。

车外的雨愈下愈大，天也快黑了，因拍摄黑鸡的地点海拔较高，返回时，下山的路越走林木越密，快到山谷时，车刚转过一个急弯，突然从车的左侧窜出两头灰黑色野猪，长着溜圆的屁股，一溜烟奔跑过来，快速向河边的密林中逃去，把我们惊了一跳。虽说因太突然、光线暗的原因未拍到此景，但是这么近距离看到这么大的野猪还是首次，让人着实激动了一番。

第二天，晨光熹微，我和刘哥决定，再由另外一条路去塔尔巴哈台山库则温大坂，去他当年发现几百只黑鸡的地方去寻找。时过境迁，现在的环境已经和十几年前有了很大的不同，气候变暖、干旱及人们过度放牧和开垦，山上的植被已很稀疏，过去一人多高的灌木，现在只有70—80厘米左右，当年见到黑鸡的地方也已难觅黑鸡踪影，我们决定继续往深山边境线方向走。

汽车艰难地爬行了大约50分钟左右时，我们已进入深山。这时天已大亮，能见度很高，车行至下一个山坡时，刘哥突然欣喜地叫道："快看，快看，前面是3只狍子（狍鹿）。"顺着刘哥指的方向看去，果然看到3只黄白相间的美丽精灵，一跳一跳向着山上跑去。"遇鹿为吉"，我们戏称今天会有好运，果然车下坡转了个大弯后，在车的前方，我们发现了一只黑母鸡，立在前面的灌木枝头，这时太阳已露出红色的面庞，等车慢慢靠近，我快速地用镜头记录下这无比珍贵的一瞬。直到黑鸡受惊起飞，才发现当时因为激动只看到前面的这只，没注意到右侧不远处山杨树上，还落着几只黑色的雄鸡。

今天收获不小，我们兴高采烈，越野车欢快地沿着山谷继续前行，走进山谷，突然在车的右侧，离我们大约300米的山崖上，又看到一只狍鹿和我们平行向前跑去。我们暗自称奇，一般情况下，野狍子遇到人会受惊快速向远方跑去，这只狍鹿似乎根本无视我们的存在，继续躲着山谷边的岩石奔跑。这时又见到几只黑鸡被狍鹿撵着向前飞去，原来是黑鸡侵占了狍鹿的领地，正在遭到驱赶。由于山谷呈南北走向，狍鹿处在阴影里，未能用镜头记录这珍贵的影像，但那种美好的情景永远铭刻在心里。

初春时的黑琴鸡

巴尔鲁克山浅山荒原的黑琴鸡

　　这次拍摄之行的收获是空前的，可以说从视觉和精神上都给了我们很大的愉悦。过去曾听许多人讲过神奇的塔尔巴哈台是野生动物的乐园，那是无比美好的家园，野生动物何其多。留传于民间的一句顺口溜"棒打狍子，瓢舀鱼，马尾做套套黑鸡"，说明当时塔尔巴哈台地区山野的狍子、黑琴鸡多，加上游牧人没有食鱼的传统，河流沟溪随处可见数量很多的鱼类。当时的野生动物不仅多而且不惧人，现今翻山越岭来到边境禁区旁，偶遇它们还算是福份。那种美好的原生态场景如今已成为一个遥远的回忆。

　　黑琴鸡，属雉鸡科俗称黑野鸡、胡日、黑鸡、黑雷鸡等。黑琴鸡是留鸟，在生活的区域只做短距离的垂直迁徙。黑琴鸡体覆黑褐色羽毛，有着金属的光亮，配着赤耳红冠，双翅有一些白色宽横斑，特别是它的尾巴两侧尾羽向外弯曲，极像乐队演员用的黑色七弦琴，所以人们形象地把它叫"黑琴鸡"。

　　黑琴鸡的活动力较强，善于在地上奔跑，也善于飞翔，但不能进行持久的远距离飞翔。它们的警觉性不如松鸡高，在野外有时人可以接近它。黑琴鸡善于鸣叫，尤其是雄黑琴鸡，能颤动整个身体，发出一连串类似于吹水泡和拉风箱的美妙歌声。常成群

活动，每群由几只、几十只甚至上百只组成，随季节、食物多少和周围环境的不同而变化。

黑琴鸡主要栖息于针叶林、针阔叶混交林或森林草原地区，栖息的海拔高度一般在600—900米，有时也到海拔1500米左右高度的区域活动。特别喜欢在落叶松林、白桦林、山杨林及其他阔叶林组成的混交林中活动，时常出没在林边的空地、林间草甸、森林草原及溪边灌丛附近。

黑琴鸡春季活动范围较大，多在地面取食；夏季多在巢区附近的地面活动，有时也到树上，只是活动范围较小；秋季离开繁殖区域，结成数目不等的群体向四处近距离迁徙觅食；每当冬季来临，塔尔巴哈台地区的广袤大地，大雪封山，气候寒冷，有时山林中的最低温度能达到-30℃至-40℃以下，这时的黑琴鸡仍然顽强地生活在河畔和山谷之间。它们身上的黑色羽毛能大量吸收太阳光热，增强自己的御寒能力。平时它们很少活动，只在正午阳光充足时到食物丰盛的山谷地带向阳的树木上觅食。傍晚，它们会利用身体的冲力砸破积雪，在雪地上用爪子扒出一个直径为30—40厘米的雪窝，将身体埋进松软的厚雪中，挡住凛冽的寒风，度过漫长的冬夜。黑琴鸡每晚换一个地方栖息，从不会固定在一个地方，这是黑琴鸡面对严酷恶劣的自然环境所进化的绝妙适应手段。黑琴鸡夏季主要

春季跑圈的黑琴鸡（雄鸡）

两只鸡拉开架势开始搏斗

食物为乔灌木的嫩枝、叶、芽、花序（桦、柳等）、果实和浆果等。冬季主食桦树、柳树、山杨树、榛树的嫩芽和嫩枝等。

黑琴鸡分布在塔城盆地的裕民县巴尔鲁克群山和塔尔巴哈台山混交林地。尤其是塔尔巴哈台的库则温达坂、巴依木扎，有大量的黑琴鸡种群栖息。每年4月初，塔城地区的塔尔巴哈台、巴尔鲁克山的前山开阔地带，大量的黑琴鸡开始发情，它们有固定开阔的求偶场地，求偶时数只雄鸟聚集于雌鸟前作优雅的求偶炫耀，表演"跑圈"。雄性黑琴鸡为了争得配偶，与同性拼命争斗，获胜的一方会带着母鸡飞离此地。5月上、中旬栗麻色的雌黑鸡开始在倾倒的枯木旁、深灌木丛中，或在山杨、白桦、松林附近的隐蔽处营巢筑窝并繁育自己的后代。

2009年4月21日，正值谷雨时节，我有幸和几位好友在美丽的巴尔鲁克山西侧的丘尔丘特已露出绿意的浅山荒野，拍到几十只雄黑鸡在一起，鼓起火红色的鸡冠，散开自己美丽的羽毛，一边"咕咕"叫着，嘴角泛着白沫，一边跑着圈，寻找自己"情敌"争斗的动人画面。

相互挑衅准备争斗的黑琴鸡

早春时节站在柳树梢上啄食树芽的环颈雉鸡

【 环颈雉鸡 】

谷雨前后的塔城盆地才刚刚迎来春天（塔城的春天从4月开始），大地在一场春雨的洗涤下焕发出勃勃生机。走出城区，行走在库鲁斯台草原，放眼四周，簇拥盆地的南巴尔鲁克山、东面的吾日喀夏依山、北面的塔尔巴哈台山的前山，露出了苍莽有力的黛棕色山腰线，山顶依然是白雪皑皑。广袤无垠的库鲁斯台草原碧蓝的天空白云悠然，空气清新宜人，扑入眼帘的是一片茇茇草原，在齐腰深的枯黄色茇茇草底部，新的绿意已从枯草堆中萌发。静静的雀实卡勒河在流经中国—哈萨克斯坦边境线前，依依不舍地在吾宗拉孓什肥沃的荒野里迂回，滋养了一块神奇的福地。

此地古柳参天，苇丛茂密，没有树的空间地带是一块块葱郁的湿地草原。这块生机盎然的膏腴之地，是游牧的哈萨克人祖祖辈辈赖以生存的冬需牧草打草地，也是各种野生动物千百年来繁衍生存的秘地。每年的春天，库鲁斯台草原最西部人畜无法进入的湿地孤岛，独有的自然小环境成了野生鸟类的乐园。环颈雉鸡、黑鹳、灰鹤、白鹭、苍鹭、毛脚鵟、红隼、灰背隼等鸟类都在各自的领地忙碌着。

我国雉科中分布最广的鸟，被称作环颈雉鸡的鸟类，由塔尔巴哈台山前沟谷密林中迁徙至此，选择在灌木丛或芦苇丛及较高草丛中的地面凹陷处营造简单的巢。它在巢穴内铺落叶、枯草后，开始繁殖自己的后代，繁殖期间雄鸟常发出"咯咯咯咯"的鸣叫，特别是清晨最为频繁。叫声清脆响亮，很远都清晰可闻。每次鸣叫后，总要扇动几下翅膀。雄鸟发情期间各占据一定领域，并不时鸣叫。如有别的雄雉侵入，则发生激烈的争斗，直到侵略者败退为止。雉鸡为一雄多雌制，发情时雄鸟围绕在雌鸟旁，边走边叫，有时猛跑几步，当接近雌鸟头侧时，则将靠近雌鸟一侧的翅下垂，另一侧向上伸，尾羽竖直，头部冠羽竖起，为典型的侧面型炫耀鸟类。

环颈雉鸡的繁殖期在4—6月，它会在窝内产卵6—15颗，孵卵期约23—26日，雏鸟成长迅速，约15个星期变为成鸟。到了9月份，牧民在这里打草时，环颈雉鸡的幼鸟已长得和成鸟体型差不多大，只是雌雄鸟的毛色还未完全定型，依然是斑驳的麻花灰色。

秋分时节，来到这神奇之地，不时会看到在已经收割过牧草的空地间地带，成群的雉鸡在晒太阳促生羽变，看到来人时，受惊的雉鸡会迅速钻入林间未被割掉的深草丛中。这时的幼雉鸡仍善走而不能久飞。雉鸡脚强健，善于奔跑，特别是在灌丛中奔走极快，也善于藏匿，有时奔跑一阵还停下来看看再走。在迫不得已时才起飞，边飞边发出"咯咯咯"的叫声和扑打两翅的"扑扑扑"声。飞行速度较快，但一般飞行不持久，飞行距离不长，落地前滑翔，落地后又急速在灌丛和草丛中奔跑窜行或藏匿，轻易

春天的库鲁斯台草原次森林老柳树林

不再起飞，有时人走至眼前才又突然窜起。环颈雉鸡平时在行走和觅食时有固定的"鸡道"，有的鸡道经过长时间的来回走动，已形成清晰的路迹。这些藏在茂密苇丛中的路迹给雉鸡行走带来便利，同时也给偷猎者提供了下连环套猎雉鸡的线索。

每年的11月份左右，库鲁斯台草原降下首场大雪后，这些美丽的雉鸡才

雉鸡带着一个半月大的鸡雏在路边，周边有丛林的开阔地觅食活动

会离开已生活了几个月的土地，迁徙至塔尔巴哈台山脚的林地草原及田野间。

雉鸡属杂食性鸟类。所吃食物随地区和季节而不同，春季啄食刚发芽的嫩草茎和草叶，也常到耕地扒食种下的春麦粒与冬麦苗；夏季主要以各种昆虫和其他小型无脊椎动物以及部分植物的嫩芽、浆果和草子为食；秋季主要吃各种植物的果实、种子、植物叶、芽、草籽和部分昆虫等；冬季则以各种植物的嫩芽、嫩枝、草茎、果实、种子和谷物为食。

雉鸡在我国境内约有19个亚种。环颈雉兼具观赏、食用、药用价值，是一种重要的经济禽类。我国人民对它的食用价值的认识较早，远在殷商时代的甲骨文中就有记载，明朝李时珍的《本草纲目》对环颈雉的描述更为详细，认为环颈雉肉性味甘、酸、

大约两个月后，当年的雏鸡已经在繁育地长大，雄鸡开始渐渐换上美丽的羽毛

遇到危险雉鸡警惕的张望

冬季塔城河滩林地中的雌雉鸡

寒冬栖息在山间古树上的雉鸡（雌）

温，具有补中益气之功；对下痢、消渴、小便频繁有一定的治疗作用。

《医学入门》称雉鸡能治痰气止喘。《医林纂要》认为它还有"益肝、和血"的作用。从唐朝到清朝，一些宫廷食谱上记载了很多环颈雉的烹饪方法。环颈雉的羽毛在古代被织成罗、缎、锦等作为妇女衣裙之用。汉末至六朝时期的"雉头裘"成为当时贵族夸耀豪华的衣饰。

环颈雉鸡在新疆共有两个亚种：塔里木亚种和准噶尔亚种。过去在塔城地区的白杨河林场有大量的分布，这几年在塔城盆地的巴克图口岸，茂密的林间苇丛中有大量的环颈雉鸡在越冬，北部四县市区周边荒野也经常可以见到。

寒雪雄鸡觅食图（雄）

黄昏时在山间灌丛中鸣叫的石鸡

雏石鸡

【石鸡】

　　每年的4月份，清晨和黄昏时，在塔尔巴哈台山的前山丘陵地带的岩石坡和沙石坡上，常常会看到一种花纹美丽的鸟类，站在青黑光裸的岩石或山谷高处引颈高鸣，类似"嘎嘎嘎……"或"嘎拉，嘎拉"的叫声，故当地老百姓称之为"嘎嘎鸡"或"嘎拉鸡"，"嘎拉鸡"的学名叫石鸡，也叫红腿鸡、朵拉鸡。

　　石鸡中等体型（身长38厘米左右），羽毛带很重的斑纹。喉部呈白色，下颌部的黑色条纹过眼部和下喉部，与亮红色的嘴及肉色眼圈形成对照。上体粉灰，胸皮黄带橘黄，两肋具黑色、栗色横斑及白色条纹，虹膜褐色，脚红色。诸多的亚种存在细微色差，以荒漠中的为最淡。雄鸟在发出一连串越来越高的"嘎嘎嘎嘎……"声，紧接着是几声带着鼻音的"咯咯……"声。

　　石鸡的繁殖期在4月末至6月中旬，4月中下旬开始发情，期间

天刚亮即开始鸣叫，偶尔亦出现雄鸡间的争偶现象。通常营巢于石堆处、山坡灌木丛或草丛中，有时也会将巢建于悬岩基部、山边石板下或山和沟谷间的灌木丛与草丛中。它的巢极简陋，也较隐蔽，主要为地面的凹坑，内垫些许枯草即成。每窝产卵7—17枚，偶尔有多至20枚的。5月初开始产卵，1天1枚，雌鸟产完卵后，常不声不响地从山沟飞出，转到雄鸟近旁，然后与雄鸡相对"嘎嘎"地叫个不停。产卵后由雌雄鸟共同轮换孵卵，一只孵卵时另一只负责觅食和警戒。遭遇危险时，为保护巢中卵，会故意拍打翅膀把危险引开。小石鸡雏出壳后，像乒乓球般大小，毛绒绒的，非常可爱。呈黄灰相间麻花色，与周围自然环境浑然一体。平时幼雏在双亲的带领下学习觅食，当有天敌出现时，成鸟会发出警叫，小雏鸡便机灵地钻入草丛，时间紧迫时，也会凭借保护色静静卧在那里一动不动。

石鸡唤雏

金秋时节的石鸡

风雪中觅食的石鸡群

我曾在托里县玛依勒山拍片时，发现了一只成鸟带了十几只小石鸡，因为凭借美妙的保护色的掩护，稍不留神，就从眼前消失得无影无踪，有时近在咫尺，如不定神细视，连一只也找不见。见此情景，我立即躲在石壁后，静静地观察等待最佳拍摄时机，不一会儿，那站在高处不断鸣叫引诱我离开的石鸡母亲，见没有什么危险，便开始呼唤四处躲藏的幼雏鸡返回身边。

石鸡是极能耐寒和耐旱的鸟类，适应在干旱少雨的山谷生活。在特别干旱的季节能靠自身特殊的功能调节抗旱。遇有降雨便饱饮山崖石面上所积的雨水。生存过程中石鸡为了除去身上的寄生虫，也常洗沙浴。正午时石鸡常懒洋洋地躺在阳光曝晒的干沙地上，用翅膀把滚热的沙子扬在自己的身上，然后迅速抖动，这时石鸡身上的寄生虫会跟着沙粒一块抖落。石鸡白天活动，喜集结成群窜到靠近山坡的农田地中觅食，遇惊后径直朝山上迅速奔跑。紧急情况下亦能飞翔，飞翔能力强且迅速，但飞不多远即落入草丛或灌木丛中。鸣叫时起初音速比较缓慢，以后逐渐加快，并重复多次。主要以草本植物和灌木的嫩芽、嫩叶、浆果、种子、苔藓、地衣和昆虫为食，也常到附近农地取食谷物。

石鸡的天敌很多，有鹰、隼，狼、狐狸、猞猁等。由于肉质鲜美，石鸡在人类面前也没幸免于难，所幸石鸡产卵较多，又生活在干旱区域，幼鸡成活率较高，这才避免了灭绝的命运。

【灰山鹑】

　　长期行走在塔尔巴哈台荒野，有过多次与各种野生动物邂逅的机会，时间久了我似乎也潜移默化地深受野生动物世界那些也许还不被人类所知的"神性"影响。大多数出行计划的拟定，靠的是对塔尔巴哈台地区地理、自然环境、动物生活习性的了解；而有时又像是冥冥之中，受到某些用语言无法描述的"神秘"暗示，这就如游牧在山野的牧人因长期生活在草原，自然而然对天地间的生命产生感应一样。

　　那天的出行缘于前一夜的梦境。梦里，"成群的鸿雁（灰雁）在碧蓝天空下翻越雪山"。天稍亮起床后回味梦中画面，历历在目，临时决定约影友刘哥外出拍片，我俩快速简单地准备后，驱车沿着塔尔巴哈台山最近的北环路，前往塔尔巴哈台山最东段一个名叫霍也克的地方。

　　寒露过后，气候日见变凉，路旁透着稍许绿意的冬麦地，已结了白茫茫的寒霜，乡村公路左面，巍峨壮美的塔尔巴哈台山巅降下今年的首场雪，雪山在晨曦初露时更显得山影粗犷，雪山、蓝天、道道白霜、向山际延伸的透绿的冬麦田，构成一幅立体静美的油画。车快行至克孜勒布拉克时，我们看到了成千上万的蓑羽鹤鸣叫着从我们前方飞去，它们是从西伯利亚翻越塔尔巴哈台山，来到塔城盆地的。

　　看来今天预感到的情况不错，两个小时后，我们到达阿克托普拉克山谷。刚才在盆地还晴好的天气，到了这里变得阴沉起来，还飘起了纷纷扬扬的雪花，让人不禁感慨，真是十里不同天呀！越野车前行，山海拔越高，雪下得越大。车速很慢，转过一

寒雪山鹑觅食图

寒雪山鹑栖息图

道山梁时，突然看到一只石鸡站在风雪中，拿出相机仔细一看，较低的山凹里还有一群石鸡在静静地觅食。警戒的石鸡看到我用相机对着拍摄，一声急促地鸣叫，其他石鸡抬起头，在头鸡的带领下，沿着山梁冒着风雪迅速向前跑去。我及时用相机捕捉到这幅很有价值的《寒雪石鸡图》。

告别石鸡继续前行，没走多远，在平行的山梁上，又发现一种体形比石鸡略大、羽毛较灰、下胸有明显的倒"U"字形栗色斑块的鸟类。我们十分惊喜，赶紧抓拍，由此诞生了国画效果般的《寒雪山鹑觅食图》和《寒雪山鹑栖息图》两幅珍贵作品。

灰山鹑，老百姓称山鸡子，属雉科，也叫斑鸡子。中等体形（身长30厘米），灰褐色，眉线、脸及

雪地灰山鹑

喉偏橘黄。下体灰，至臀部白。雌鸟下胸有栗色斑块、雌鸟斑不明显。两胁有宽阔的栗色横纹。与另一种鸡斑翅山鹑的区别在于胸块红栗色而非黑色，并且无丝质喉羽。锈色的尾羽在飞行时清楚可见。雄鸟叫声嘎嘎，栖息于塔尔巴哈台、巴尔鲁克山山麓，喜有矮草的开阔原野或农田。在4—5月份雌鸟进入繁殖期，雌鸟先在灌木丛或草丛中选一隐蔽的巢址，用爪刨个土坑，把卵产在里面，趴在上面把卵暖干，用虚土将卵掩埋，再叼些干草覆在上面。每天产1枚，产到一定数量时，雌鸟就不再用土掩埋了，仍以枝草掩盖，待最后一枚卵产下后，将巢内的所有干枝、枯草均垫在卵下及巢的周围，这才开始孵卵。冬季栖息于塔城盆地雪原、丘陵、等地。据资料讲：灰山鹑多见于北疆各地，为不常见留鸟。

　　石鸡和灰山鹑的领地意识都很强。正是上天相助突降风雪，多亏虔诚心灵寻梦之旅，才使我们有幸同时与这两种鸟邂逅。

沙石路边的灰山鹑

寒雪荒原山鹑晒羽图

沙鸡的原生栖息地（塔城南湖半荒漠区）

塔城盆地北部毛腿沙鸡

【毛腿沙鸡】

深秋的托里县白杨河荒原，一场裹挟着沙尘的疾风刮过，紧接着，浓密的黑云翻滚着，从吾日喀夏依山向白杨河谷地袭来。不一会儿，豆大的雨点撒落在白杨河荒原，久旱的沙地在雷阵雨密集雨点的突击下，曝起几十厘米高的沙尘。滚滚浓云移动迅速，像中世纪草原战争中的千万骑兵军团，席卷着雨点向东部更广阔的荒原荡去。被阵雨洗涤过的荒原退去了往日浅黄色的浮躁，焦渴的大地在雨水短时间的滋润下变得深沉了许多。戈壁砂石路两边的低凹地块，很快聚积了雨水，形成了大大小小的水洼。在被雷雨滤掉浮尘的阳光反射下，那遥远的天际出现了一道美丽的彩虹。

驱车行走在砂石路上，不时看到一群群羽毛沙黄、低空疾速飞行的鸟，"扑、扑"地落入路边较大的水洼里尽情地喝水，有的鸟喝足水后，在水中抖动身体并再次浸入水中，以完全泡湿腹部的羽毛。

回到家里对照图片查看资料，才得知这种羽毛沙黄色，上体沙棕色，杂以黑色横纹，翅膀长而尖，中间两根尾羽特别尖长，小腿上的羽毛又长又密、披及脚面的鸟，名叫毛腿沙鸡（俗名沙鸡子）。

毛腿沙鸡栖息在沙漠和干旱的荒原。全长约37厘米，通体沙棕色，有黑褐色横斑，与荒漠环境浑然一体，形成绝美的保护色以躲避天敌伤害。雄鸟腹部毛黄色，有细横斑，形成黑色胸带，腹部具有一明显黑色斑块。翅与尾羽尖长。雌鸟无胸带，颈部具有细黑带，头顶有细黑纹。脚和趾都披以较密的短毛，足3趾，脚底为垫状，披以细鳞，非常适于在沙漠中行走。

在塔尔巴哈台地区，每年的4—7月为毛腿沙鸡的繁殖期。沙鸡在戈壁荒原沙地上挖简单穴造巢，生下的卵呈黄褐色，与沙地一色，轻易不会被发现。

长时间的荒漠化生存，沙鸡已适应了极为干旱的环境，能飞到很远寻找水源。孵育的幼鸟出壳后，为保证幼沙鸡的安全，它须远离水源地。极度干旱的荒漠戈壁水源地充满了太多的危险，所有生活在这块土地的野生生命，都会在不同的时间段，在方圆数公里仅此一处的水洼饮水。聪明的沙鸡则选择其他动物不来饮水的间隙来此喝水，成年沙鸡喝完水后，用水浸透了腹羽以储存水分（这与我首次在白杨河所看到的情景一致），飞回巢窝让幼雏鸟啄食湿羽汲取水分。

毛腿沙鸡和山中的石鸡一样，常洗"沙浴澡"，以达到清除身体羽毛中寄生虫的目的。它主食植物的种子和嫩芽。常成群在开阔地飞翔觅食，往往是低空极速飞行。在新疆分布很广，南、北疆沙漠和戈壁均可见到。在塔城盆地和托里县白杨河荒漠区及巴尔鲁克山南的禾角克荒漠区可见到它们的身影，准噶尔盆地荒漠区种群数量分布也很大。行走荒野，晨昏时分，有水源的地方都可见到成群的沙鸡。有毛腿沙鸡和西藏毛腿沙鸡2种，是国家二级保护动物。

巴尔鲁克山南戈壁荒原毛腿沙鸡（雌、雄）

巴尔鲁克山南戈壁荒原毛腿沙鸡（雌、雄）

【影话麻雀】

　　提起麻雀，有人也许会对这个身小力薄的小鸟不以为然，觉得它没什么奇特之处，把这名不见经传的小麻雀录入《荒野传奇》一书是否合适。其实在塔尔巴哈台乡野，关于麻雀的传奇故事，丝毫不逊色于众多大型鸟类，它低调谦逊地演绎着自己的荒野生命奇趣。对于麻雀，许多人都曾经历了由不屑、渐生好感到非常钟爱的一段认知过程。

　　少时在故乡三原跟老师学复制古画时，曾被宋代画家崔白所创作的国宝级古画《寒雀图》深深折服。这幅画现在收藏于北京故宫博物院，描绘的是隆冬的黄昏，一群麻雀在古木上安栖入寐的景象。画作者在构图上把雀群分为三部分：左侧三雀，已经憩息安眠，处于静态；右侧二雀，初来乍到，处于动态；而中间四雀，作为此图的重心，呼应上下左右，串联气脉，由动至静，浑然一体。鸟雀的灵动在向背、俯仰、正侧、伸缩、飞栖、宿鸣中被表现得惟妙惟肖。树干在行骨清秀的鸟雀衬托下，显得格外浑穆恬澹，苍寒野逸。

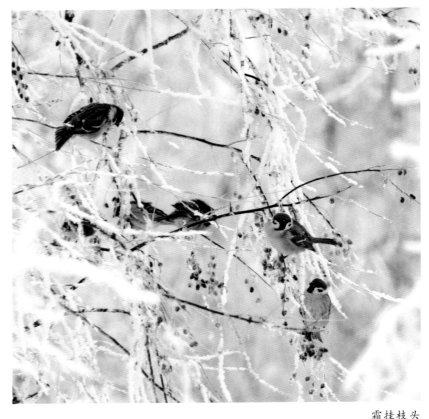

霜挂枝头

寒雀觅食图

此幅作品还有清高宗皇帝、弘历题诗一首："寒雀争寒枝，如柳月初妠；设有鹊来跂，舍仇无救护。"时过二十几年，这幅以麻雀为主角妙趣横生的写实传世佳作，仍深深镌刻在脑海里。

2006年元月，一场寒流悄悄降临塔尔巴哈台大地，一夜间，所有树木都挂满了洁白的树挂。第二天，在野外拍雪景时，无意间在塔城的也克苏牧场，靠河坝的一户牧人家门口，拍摄到了零下30度的严寒下一群麻雀在艰难觅食的情景。为了不惊动他们，只好待在车里，打开车窗静静地等待机会。直到几个小时后，手脚冻得红肿才拍摄到这幅比较满意的《寒雀觅食图》。

自古以来，人们大多认为麻雀胸无大志，

寒雀觅食图

迷恋人类，结巢于屋檐，安于享受。其实麻雀也是性情刚烈、勇敢、生命力很强的鸟类。人们常常能豢养驯化各种野生鸟类作为玩物，唯独麻雀却很少有人能笼养成功。

　　麻雀在育雏时往往会表现得非常勇敢，俄国作家屠格涅夫曾在他的短篇小说《麻雀》中，描述过一只雌鸟为保护不慎坠地的幼鸟，以弱小之躯凛然面对一只大狗的感人场面。如果你愿意对麻雀进行连续观察，你会发现它们是非常可爱的小生命，特别是它们的集体行为是研究鸟类行为学的重要素材。

2010年12月28日在塔城老风口所创作的寒雀图

2006年元月作者所拍摄创作的《寒雀图》

　　这种小生灵非常聪明机警，有较强的记忆力，这和其他许多小型雀类不同，得到人救助的麻雀会对救助过它的人表现亲近态度，而且会持续很长的时间。在麻雀居住集中的地方，当有入侵鸟类时，它们会表现得非常团结和勇敢，拼命相搏直至将入侵者赶走为止。

　　麻雀还具有超强的生命力，2010年12月28日，零下几十度的严寒，在有"世界八大风口之一"的老风口荒原，这少有其他生命存在的地方，笔者亲眼看到成群的弱小麻雀，迎着寒风在铃铛刺丛觅食的场景。

　　麻雀在全国各地都有分布，是离老百姓最近的鸟类，可以说是妇孺皆知，这从对麻雀的众多昵称中便可知晓，各地的名字叫法不一：名树麻雀、霍雀、嘉宾、瓦雀、琉雀、家雀、老家子、老家贼、照夜、麻谷、南麻雀、禾雀、宾雀、厝鸟、家巧儿……

　　麻雀多活动在有人类居住的地方，性极活泼，胆大易近人，但警惕性也非常高，多营巢于人类的屋檐、墙洞中，有时会占领家燕的窝巢。在野外，多筑巢于树洞中。麻雀仅见于平原，山区难见它们的身影。因为麻雀仅在有人类活动的环境出现，因此有人形象地将他们称为"会飞的老鼠"。麻雀除繁殖、育雏阶段外，是非常喜欢群居的鸟类。秋季时易形成数百只乃至数千只的大群，称为雀泛。而在冬季它们则多结成十几只或几十只一起活动的小群。

　　古人将麻雀的肉、血、脑髓、卵等都作药用，认为麻雀肉微温无毒，有"壮阳、益精、补肾、强腰"的作用，其实这并无科学依据，其实际药用价值甚微。今天出于动物保护和对生命尊重的角度，食用麻雀肉的劣行已渐渐淡出了人们的生活。

　　麻雀已被列入国家林业局2000年8月1日发布的《国家保护的有益的或者有重要经济、科学研究价值的陆生野生动物名录》，任何捕杀、出售、食用麻雀的行为，均属违法。

【鹌鹑】

鹌鹑是雉科中体形较小的一种，野生鹌鹑尾短，翅长而尖，上体有黑色和棕色斑相间杂，具有浅黄色羽干纹，下体灰白色，颊和喉部赤褐色，嘴沿灰色，脚淡黄色。雌鸟与雄鸟颜色相似，但背部和两翅黑褐色较少，棕黄色较多，前胸具褐色斑点，胸侧褐色较多，雄的好斗。

鹌鹑一般在平原、丘陵、沼泽、湖泊、溪流的草丛中生活，有时亦在灌木林活动。喜欢在水边草地、灌木丛下营巢，巢构造简单，一般在地上挖一浅坑，铺上细草或植物技叶等，卵呈黄褐色，具褐色斑块。鹌鹑主要以植物种子、幼芽、嫩枝为食，有时也吃昆虫及无脊椎动物。

鹌鹑肉和蛋营养价值高，含有丰富的蛋白质和维生素，是极好的营养补品，有动物"人参"之称，是宴席上的佳肴。鹌鹑还可作药用和观赏鸟，长期食用对血管硬化、高血压、神经衰弱、结核病及肝炎都有一定疗效。据《本草纲目》记载，鹌鹑肉能"补五脏，益中续气，实筋骨，耐寒暑，消结热"。中医传统理论认为鹌鹑去毛及内脏，取肉鲜用，被中气、壮筋骨、止泻、止痢、止咳等。

塔城市克孜贝提农田是鹌鹑的理想栖息地

飞翔的鹌鹑

塔城克孜贝提麦茬地里的鹌鹑

春季在春雨中觅食的灰斑鸠

【斑鸠（姑姑等）】

少时在故乡关中平原，静谧的乡村经常会听到苍凉哀伤的"姑姑—等"、"姑姑—等"的叫声。关中平原土地肥沃，树高林密，平时很难目睹这神秘鸟的真容，所以并不知晓是什么鸟发出的叫声。

后在塔尔巴哈台生活的20多年岁月里，每每在四五月的乡野，尤其是雨后的日子，也经常听到这种类似"姑姑—等"的叫声，无意中勾起淡淡的乡愁。后来拍摄野生鸟类时，就很留意各种鸟类的鸣叫声。一个阵雨过后的中午，午睡时被不断的"姑姑—等"叫声扰醒。起床后循声找去，在自家平房院外的白蜡树上，发现是一只中等体形褐灰色的斑鸠鸟发出来的。由于起先缺乏对鸟类叫声、拟音比对的敏感，所以一直未能把眼前的斑鸠叫声和故乡听到的"姑姑等"叫声联系起来。

2013年4月20号，在故乡拍摄古民居时，和一帮多年未见的同学一起聚会，听两位同学相互打趣时开玩笑"看你貌似一只鹞子，其实是一只姑姑等"时（关中民谚：形容人外表看似强悍，其实内在软弱，与成语"色厉内荏"意思近似），赶紧打听在座的同学"姑姑等"是什么鸟，学友们众说纷纭，有人说是布谷鸟，有人说是猫头鹰……回到家查询资料后得知"姑姑等"就是野斑鸠。野斑鸠在中国西部较常见的有：欧斑鸠、山斑鸠、棕斑鸠、灰斑鸠等。

不管是陕西、甘肃、河西还是新疆各地的老百姓，不同地域对于野斑鸠哀伤、沧桑的"姑姑—等"叫声，都有不同的说法，

有的还被赋予了很多不同版本的凄美故事。

现择录两篇民间故事以飨读者：在甘肃乡村有一种俗称"姑姑等"的鸟儿，她的叫声极像人喊"姑姑等"，相传她是由一位天真诚实的小姑娘所变。

在古时，有姑侄俩在一清山绿水的山中修道，即将成功时姑侄相互约定鸡叫时分升天，存心不良的姑姑在当晚睡觉时对侄女说："你安心睡觉，待鸡叫时我们一块升天。"半夜，姑姑偷偷背着侄女升天了。她即将飞升到南天门前时，才学着鸡叫了三声。侄女惊醒，发现姑姑已上天去了，便边扎腿带边喊叫"姑姑——等、姑姑——等"，终未追上姑姑而留在了人间。以后侄女每天凄凉哀婉的鸣叫，最后化作"姑姑等"鸟向人们讲诉着内心的不平。

在陕西乡村，野斑鸠人称"野斑斑"、"姑姑等"。传说它是一位美丽的少妇变的。很久以前，有一位美丽的姑娘，名叫"姑姑"，嫁给了一位少年秀才，郎才女貌，两人洞房花烛之夜海誓山盟。婚后如胶似漆，恩爱缠绵，别人看了羡慕得很。但是，婆婆却气不打一处来，认为儿子整天守着媳妇，娶了媳妇忘了娘，从没有好脸色给儿媳，经常找借口辱骂甚至殴打，儿媳忍

夏季站在橡树林中的欧斑鸠

塔城市郊冬季拍摄的灰斑鸠群

气吞声，不敢声张，儿子想护媳妇，面对的是母亲，因此无可奈何。后来，婆婆干脆要休了媳妇，终因儿子百般阻挠，没有休成。大比之年，秀才外出赶考，心里放不下媳妇，怕自己不在时母亲虐待甚至赶走媳妇，就不想去赶考了，但十年寒窗九载熬油的辛苦又不忍心白费。在他犹豫之时，媳妇知道了他的心思，定要他去赶考，不要因自己的原因耽搁了前程。

秀才离家后，果然婆婆对儿媳虐待升级，最终写了一纸休书逐出家门。姑姑被逐出婆家后，想到自己与丈夫相亲相爱，曾有"一生白头携老，不离不弃"的誓言，肝肠寸断，回娘家的路上，在一棵树上吊死，以明心志。秀才赶考回来，得知妻子已在被休后自缢而亡，悲伤欲绝，赶到她上吊的树下时，只见一只鸟儿在树上悲鸣："姑姑等，姑姑等。"据说，那鸟是姑姑变的，她死后仍在向丈夫说"姑姑等"，意思是说，她仍在等丈夫。由于是上吊而死化为鸟的，所以至今所见的灰斑鸠的脖颈上都有一道印痕似的黑圈。

传说终归是传说，斑鸠和杜鹃鸟一样，都因在春季求偶期间叫声苍凉哀怨，而被富有无限想象力的人们赋予了传奇色彩。

塔城乡村灰斑鸠

【灰斑鸠】

中等体型的褐灰色斑鸠，明显特征为后颈具黑白色半领圈。与山斑鸠以及形体小得多的粉色火斑鸠相比，色浅而多灰色。灰斑鸠很常见，多分布于中国西北部地区，亚种栖息于新疆喀什及天山以北的广大地区。相当温顺，常栖于农田及村庄的房子、电杆及电线上。

【山斑鸠】

俗名斑鸠、金背斑鸠、麒麟鸠、雉鸠、麒麟斑、花翼、棕背斑鸠、东方斑鸠、绿斑鸠、山鸽子。

中等体型的偏粉色斑鸠，起飞时带有高频"噗噗"声。与珠颈斑鸠在食性、活动区域、夜间栖息环境等方面基本相似，外表区别在于颈侧有带明显黑白色条纹的块状斑。上体的深色扇贝斑纹体羽羽缘棕色，腰灰，尾羽近黑，尾梢浅灰。下体多偏粉色，脚红色。与灰斑鸠区别在体形较大。

斑鸠常成对或单独活动，多在开阔农耕区、村庄及房前屋后、寺院周围，或小沟渠附近，取食于地面。

夏季塔城北山的山斑鸠

站在枯树枝上的山斑鸠

塔城乡村站在山间土堆上的山斑鸠

站在树枝上的岩鸽

摄于巴依木扎草原的岩鸽

【岩鸽】

在塔尔巴哈台荒野外出拍照时，无论在山野还是草原，相遇最多的野生鸟类就是岩鸽。岩鸽又名辘轳、山石鸽、野鸽子。在塔尔巴哈台地区为常见留鸟及季候鸟。

岩鸽为中型鸟类，灰色，极似原鸽。头、颈和上胸石板灰色，颈和上胸有绿和紫色闪光。上背和两翅石板青色，内侧大覆羽和三级飞羽贯以黑斑，形成两道横斑。下背白色。腰和尾上覆羽为石板灰色，腰部和近尾端处有一白色横斑。下体蓝灰色，至腹部渐为白色。眼橙黄色，虹膜浅褐色，嘴黑色，脚珊瑚红色。雌雄体色相似。尾上有宽阔的偏白色次端带，灰色的尾基，浅色的背部及尾上的此带成明显对比。

岩鸽栖息在有岩石和峭壁的地方，常结群于山谷或飞至平原觅食，也到住宅附近活动。鸣声与家鸽相似，反复的咯咯声如人在打嗝。起飞和着陆时发出高调的"咕咕"颤音。特别喜食玉米、高粱、小麦等，夏季岩鸽在塔尔巴哈台山东断的巴依木扎山间草原生活，深冬季节有数量较大的种群在塔城广大的乡村越冬。

冬季塔城乡村的岩鸽

【灰雁】

每年的早春时节，塔尔巴哈台平原冰雪融尽，大地露出淡淡的绿意。静默了一个冬天的额敏河在大山融雪水的滋补下开始蓬勃起来，唱着欢歌穿过茫茫的库鲁斯台草原，向境外的阿拉湖涌去。行走在僻静的河畔，不时会被阵阵的雁叫声所吸引，循声找去，终于在萨尔也木勒的一段额敏河转弯处，一片由洪水冲积形成的大面积荒滩上，看到了春季迁徙至此的成千上万的灰雁。

雁群中的"哨雁"发现有不速之客闯入，马上在头雁的带领下起飞，像是示威似的铺天盖地，黑压压一片从头顶飞过。这时拿相机的双手开始忙乱，平时拍摄野生动物的长焦利器，一下变得毫无用处。十分遗憾未带超广角镜头，把所看到的恢宏场景摄入镜头，只能胡乱对着雁群抓拍些有限的画面。不一会儿，无比壮观的灰雁群在蓝天的映衬下，逐渐排成整齐的"V"字形雁阵向着远方雪山飞去。这便是灰雁在塔尔巴哈台一年一度的大规模春季过路迁徙的壮观场面。

灰雁别名红嘴雁，大雁、沙鹅、灰腰雁、红嘴雁、沙雁、黄嘴灰雁等。雌雄两性，全年体色为灰褐色，灰雁是雁属中体形大、个体较重的鸟类。飞行时双翼拍打用力，振翅频率高。脖子较长。腿位于身体的中心支点，行走自如。有扁平的喙，边缘锯齿状，有助于过滤食物。喜欢群居，飞行时排成有序的队列，有一字形、人字形等。

灰雁活动很有规律，通常白天觅食，夜间休息。常以家族群或由数个家族组成的小群，清晨太阳还未出来时就成群飞去觅食，然后飞到其他水域中较为隐蔽的地方休息，直到日落黄昏才又飞回夜间休息地。冬季在无干扰的情况下，通常觅食和休息都

每年春天成千上万迁徙来到塔城盆地的灰雁

每年春天小部分留在塔城库鲁斯台草原湿地求偶的野生灰雁

南湖湿地进入孵化期的灰雁

在同一地方，觅食地多在富有植物的水域岸边、草原、农田、荒地和浅水处。食物主要为各种水生和陆生植物。

灰雁为一夫一妻制，到达繁殖地后不久即开始营巢。营巢环境多为人迹罕至的水边草丛或芦苇丛，也有在岛屿、草原和沼泽地上营巢，繁殖期4—6月，产下乳白色的卵、每窝4—6枚。卵产齐后开始孵卵，由雌雄鸟共同参与雏鸟的养育。孵卵时由雌鸟单独承担，雄鸟在巢附近警戒。经过27—29天的精心孵化小雁就会出壳。大约在6月中旬成鸟集中在偏僻的水边芦苇丛中换羽。

灰雁带着自己的雏雁栖息在水泡子进行周边觅食活动，直到小灰雁长大

灰雁栖息于湖泊、河滩水域草地，在地上行走灵活，行动敏捷，休息时常用一只脚站立。会游泳，但潜水不能持久，所以非万不得已很少潜水。灰雁行动极为谨慎，警惕性很高，特别是成群在一起觅食和休息的时候，常有一只或数只放哨的灰雁担当警卫，不吃、不睡，放哨警戒，警惕地伸长脖子观察四周。"哨雁"在发现危险并发出警报后首先起飞，然后其他成员跟着飞走。除繁殖期外，灰雁都是成群的活动，群雁通常由数十、数百甚至上千只组成，特别是迁徙期间组成的雁群规模更大。

10月份，当塔尔巴哈台的山顶被白雪遮盖，这些灰雁群会准时翻越塔尔巴哈台山脉，回迁至塔城盆地，在塔城收获过的农田中，与荒原为伴生活一段日子，积蓄能量后进行下一站的漫漫征程。

一年一度在深秋季节由西伯利亚开始陆续迁徙来到塔城盆地的灰雁群

当塔尔巴哈台山落下第一场雪花时，最后一批迁徙的灰雁组成庞大的雁群，
在塔城盆地收获过的农田觅食休憩、积蓄能量，准备进行年度最后的长途迁徙

孵化期警戒的斑头雁

【斑头雁】

斑头雁，雁形目，鸭科，雁属。大雁的一种，因头上有两条黑色条斑而得名。它体形如鹅，长着桔红色嘴巴、黑色嘴唇、桔红色腿脚，灰褐色的羽翅，虹膜褐色，飞行高度可达8000米以上，每日飞行300—500公里，是鸟类飞行的一级运动员。斑头雁对水的依赖性比其他水禽少，主食各种禾本植物，也吃少量贝类等无脊椎动物。斑头雁一般于4月上中旬在水中交配，每窝产卵2—8枚，最多可达10枚，孵化期28天，雏雁出壳2小时后即可随亲鸟活动，约经70天成长为成鸟。

斑头雁体型较鸿雁小，颈部也比鸿雁短，雌雄羽色相似。斑头雁繁殖于中国极北部及青海、西藏、新疆的沼泽及高原泥潭，在水中配对交尾后就开始选地筑巢，巢呈盘状，略高出地面，内铺草茎和藻类碎块。巢的密度很高。冬季迁移至中国中部、西藏南部及云贵高原。

斑头雁从7月中旬开始换羽，换羽期约1个多月首先脱换全部飞羽，因而失去飞翔能力。这时，它们集中在水草茂盛、人迹罕至的湖湾。斑头雁忠于爱情，出入成双成对，一旦丧偶，便不再婚嫁，形成"孤雁"。

斑头雁的卵

在悬崖孵化后代的斑头雁

初冬时在水库初遇大雪的斑头雁群

【绿头野鸭】

寒露过后，塔尔巴哈台地区逐渐转冷，大量的候鸟不间断地由西伯利亚平原迁徙来到塔城盆地，在此地集结休整，然后飞往南方越冬。随着一批一批候鸟离去，盆地中可供鸟儿选择的食物也愈来愈少。尤其是霜降过后，塔尔巴哈台大地随时都会被一场大雪覆盖。许多鸟类深知自然的风险，迫于环境压力举家迁徙，到遥远的南方去过冬。

在这些迁徙大军中，也包括各种野鸭。奇妙的是，有些野鸭竟不随大队鸭群迁徙到舒适的南方，绿头鸭、赤麻鸭等会选择留下来，坚守在塔尔巴哈台荒野，度过漫长严酷的寒冬。

早年在寒冷的冬季，无意间看到城区乡村的河流中三三两两的鸭，在挂满白霜的溪流、泉水边戏水玩耍，远看就好似在洗温泉浴，甚是好奇，以为是老百姓家养的鸭子。

一个零下三十几度的严寒天，我沿着卡浪古尔河下游没有人烟的区域拍摄冬景。塔尔巴哈台大地千里冰封，偶尔会在河流的

活泉口看到白雾似的蒸汽氤氲升腾，泉边的老柳树形成晶莹冰挂，非常壮观。刚靠近泉口，突然见几只绿头野鸭因受惊腾空而起，向远处飞去。回家后跟几位影友谈及此事，有经验的朋友才告诉我，绿头野鸭子是塔城的留鸟，留居的野鸭和春秋迁徙的野鸭完全不同，为塔城本地的"土著"鸟类，它们在塔城各河源、泉溪越冬并繁衍后代。塔城的大部分家鸭是由绿头鸭驯养而来，它们堪称家鸭的祖先。

冬季夜晚，常常见数十只鸭"扑扑通通"地从活泉口钻入温暖冰层下度过漫漫寒夜。试想塔尔巴哈台广袤的区域里，如果没有这些寒冬里"外死内活"水生物种丰富的河流泉溪，这些野鸭是无法生存的。野鸭在严酷的自然法则面前，选择了这样聪明的生存之道。但此举有时也给野鸭带来厄运，贪婪的猎人会根据野鸭的这些特点，在野鸭经常出入的冰洞口，用马尾毛或钓鱼线布上连环套猎获野鸭。

有一次，在库鲁斯台草原西部荒野拍片时，穿行在一人高的芨芨草丛，被一条小水沟挡住了去路。正寻找通路时，突然见一

深秋季节在塔城南湖集结准备迁徙的野鸭群

夏季的绿头鸭（雄）

只头和颈呈绿色金属光泽的绿头鸭惊飞起来。正惊诧间，一只麻花灰相间的野鸭子，奋拉着翅膀，好像受到了重伤，"扑扑踏踏"向芨芨草丛中走去。我们因水沟的阻隔无法靠近，只好继续沿水沟行走，这只野鸭见无法吸引我们的注意，又跳出来继续表演刚才的一幕，我们这才明白原来是这只野鸭在使"诈计"。由此判断小鸭子就在跟前，经过细心搜寻，果然在水边草丛中看到一只小鸭，凭借着和周围景物几乎一致的保护色，头紧紧贴着地面，伸长脖子一动不动地。我走上前，轻轻捧起小鸭端详，见此情景，不远处的雌鸭不断扑打着翅膀哀鸣不已……我们就近找到一处利于拍照的开阔水面准备放生小鸭，不料刚把小野鸭放进水里，刚刚一动不动的小鸭，一个猛子潜入水中不见了，在我们目瞪口呆之际，赫然发现它竟在几十米远的地方露出了头。

美国生物学家研究发现，绿头鸭具有控制大脑部分保持睡眠、部分保持清醒状态的习性，即在睡眠中睁一只眼闭一只眼。这是科学家所发现的动物可对睡眠状态进行控制的首例证据。科学家们指出具备这种习性，可帮助它们在危险的环境中逃生。科学家的研究结果对弄清人的各种睡眠失调可能会有所帮助。一些人在大白天总是觉得困，很可能与大脑一部分处于清醒状态，而另一部分仍保持在睡眠状态有关。

保护幼雏的绿头鸭

寒雪中的绿头鸭（雌）

寒冬季节在塔城泉水溪流越冬的绿头鸭

春天的赤麻鸭

【赤麻鸭】

2006年7月，我曾在额敏县巴依木扎夏草原拍片。走到一处长满香蒲草和芦苇的潜水塘附近，就听到急促的"嘎、嘎、嘎"的鸭鸣声，只见不远的草地上，几只毛色赤黄的野鸭子，人稍靠近，就展翅飞起，跌跌撞撞，半飞半跑，但并不飞远，在我们头顶盘旋，久久不肯离去。根据经验判断，离水源不远的草地上肯定有赤麻鸭的巢穴。仔细搜寻，果然在几处旱獭废弃的洞中发现了赤麻鸭用羽毛和枯草筑的窝。

赤麻鸭俗名黄鸭、黄凫、渎凫、红雁、喇嘛鸭。头和颈均为棕白色，体羽绝大部分棕红色或橙黄色，与其他野鸭迥然不同，易于辨识。雄鸭颈基在生殖季节有黑色领环，翼镜灰绿色。黑色飞羽与白色覆羽形成鲜明对比。

赤麻鸭在塔尔巴哈台分布很广，从高山草原到塔城盆地，各个河流水塘、湖泊、高山湿地、沼泽、滩地等都有它的踪迹。善游水和步行。杂食性，以各种水草、藻

夏季飞翔的赤麻鸭

秋季托里县萨孜湖草原的赤麻鸭

类、水生昆虫、甲壳动物、软体动物为食。每年5—7月间繁殖。营巢于河岸土穴、悬崖石洞或田野沟渠中，有的也利用其他动物的旧洞穴或鸟巢做窝，内铺以羽毛而产卵。每窝产6—10枚。产完卵即开始由雌鸭孵化，孵卵期27—29天。

赤麻鸭是野鸭类中最能适应陆地生活的鸟类。在塔城赤麻鸭为留鸟。一年四季的气候变化，丝毫也不影响赤麻鸭坚守这块热土。笔者就曾在白雪茫茫的塔尔巴哈台山区的一处泉水附近拍摄到凛冽寒风中的赤麻鸭，赤麻鸭的这种特性与其他候鸟不同。

冬季的赤麻鸭

【翘鼻麻鸭】

翘鼻麻鸭别名冠鸭、白鸭、掘穴鸭、潦鸭、翘鼻鸭。属雁形目鸭科麻鸭族体型较小的种类(体形较大者称草雁)。嘴短，体形略似鹅，但腿稍长，姿态较为挺秀。普通翘鼻麻鸭体羽黑白相间，有浅红色条纹。雄体嘴为红色，嘴上有疣。赤麻鸭全身橙色，头色浅，翼有白斑。翘鼻麻鸭的多数种的雄体鸣声悦耳，遇有危险均富有进攻性。雌鸭较雄鸭小。羽色略浅淡。

翘鼻麻鸭繁殖于中国北方及东北，迁至中国东南部越冬，较常见。

塔城南湖水泡子的翘鼻麻鸭（雄）

塔城南湖水泡子带雏的翘鼻麻鸭

春季塔城南湖成双结对的赤嘴潜鸭

水泡子里的赤嘴潜鸭

【赤嘴潜鸭】

赤嘴潜鸭，别名红嘴鸭，体长（55厘米左右）的皮黄色鸭。繁殖期雄鸟易识别，锈色的头部和橘红色的嘴与黑色前半身成对比。两肋白色，尾部黑色，翼下羽白，飞羽在飞行时显而易见。雌鸟褐色，两肋无白色，但脸下、喉及颈侧为白色。额、顶盖及枕部深褐色，眼周色最深。繁殖后雄鸟似雌鸟但嘴为红色。体羽艳丽，体态多姿，可供观赏。

赤嘴潜鸭虹膜红褐色，雄鸟嘴橘红，雌鸟黑色带黄色嘴尖。雄鸟脚粉红，雌鸟为灰色。属季节性候鸟，栖于有植被或芦苇的湖泊或缓水河流。

【白眉鸭】

白眉鸭为鸭科鸭属的鸟类，俗名溪的鸭、巡凫、小石鸭。中等体形（40厘米）的戏水型鸭。一般生活于平原地带的池塘、沼泽及河流中，也出现于山区水塘、河流上。常成对或成小群活动，迁徙和越冬期间也集成大群。

雄鸟头巧克力色，具宽阔的白色眉纹。胸、背棕而腹白。肩羽形长，黑白色。翼镜为闪亮绿色带白色边缘。雌鸟褐色的头部图纹显著，腹白，翼镜暗橄榄色带白色羽缘。繁殖期过后雄鸟似雌鸟，仅飞行时羽色图案有别。

白眉鸭生性胆怯而机警，常在有水草隐蔽处活动和觅食，如有声响，立刻从水中冲出，直升而起；飞行快捷，起飞和降落均甚灵活。繁殖期为5—7月。营巢于水边或离水域不远的厚密高草丛中或沼泽地的小洲上，巢掩蔽较好。也有在远离水域较远的草地灌丛下营巢。巢多利用天然凹坑和洞穴，有时雌鸟稍加修理和扩大，内再放以干草叶和干草茎即成。开始产卵后雌鸟还将从自己身上拔下绒羽围在巢的四周，当它离巢觅食时，也用绒羽将卵盖住。每巢产卵8—12枚，最多可达13枚，卵色乳黄而光滑。

白眉鸭繁殖于全北疆，在塔城各水泡子较常见。冬季常结大群。白天栖于水上，夜晚进食，主要以植物的种子为食，尤其嗜好麦粒和谷类。被中国国家林业局列入2000年8月1日发布的《国家保护的有益的或者有重要经济、科学研究价值的陆生野生动物名录》。

春季塔城拉巴湖进入发情期的白眉鸭

交尾的白眉鸭

南湖水泡子中的白眉鸭

春季在塔城城东湿地进入繁殖期的白眉鸭

【蓑羽鹤】

在美丽的塔尔巴哈台大地上，每年的春天（4月份）和秋天（10月份）都是成千上万的蓑羽鹤迁徙途经塔城的季节。每到这时，就会在塔城的铁厂沟荒原、塔城盆地的库鲁斯台草原看到蓑羽鹤迁徙的胜景。

蓑羽鹤，中形涉禽，是世界现存15种鹤中体型最小的一种。成年蓑羽鹤身高在98厘米左右，体型异常纤瘦，体长76厘米左右。因为身体大部分呈蓝灰色，头、颈、胸部为黑色，眼后有一簇白色的细羽向后延伸，蓑羽鹤翮（鸟羽的茎状部分，中空透明）成须状，延伸到头部两侧，胸中有长长下垂的特殊羽饰，颊部两侧各生有一丛白色长羽，蓬松分垂，状若披发，故称蓑羽鹤。

蓑羽鹤生性羞怯，不善与其他鹤类合群，常独处。其举止娴雅、稳重端庄，故又名"闺秀鹤"。

每年3月中旬，蓑羽鹤从越冬地飞回繁殖地，飞行时呈"V"字编队，颈伸直。4月下旬开始占区繁殖。它们不营巢，直接把卵产在的周围长着稀蔬苇草的干燥地面上。一般产两枚卵，有时一枚。卵呈椭圆形，卵壳坚实，呈淡紫色并带有深紫褐色的不规则斑点。孵化期30天。

《宋书·五行志》载："雍熙四年（公元987年）十月，知润州程文庆献鹤，颈毛如垂

站在树桩上的蓑羽鹤

早春时节塔城湿地的蓑羽鹤群

一年一度成千上万的蓑羽鹤迁徙途经塔城铁厂沟荒原

缨。"是蓑羽鹤在历史上的唯一记载。中医传统理论认为蓑羽鹤炼油脂用，有舒筋活血的功能，因此被人们利用。

据《鸟类的迁徙》纪录片实录：在遥远的喜马拉雅山脉，每年都有大约16万只蓑羽鹤从珠穆朗玛峰顶飞过。那里温度极低，气流强烈，更可怕的是凶残的食肉类鸟类金雕也生活于此。面对恶劣的环境和强大的天敌，身体单薄、没有锋利牙齿和利爪的蓑羽鹤，是怎样飞越珠峰到印度去越冬呢？

临近珠峰，漫天的蓑羽鹤开始不断上升飞翔。快接近峰顶时，忽然，一股强大的气流从山峰上袭卷而来，阻挡了它们的去路，蓑羽鹤只好原路返回。它们相拥在山腰稍作休憩，等待时机。

新的一天，它们重新展翅而起，利用上升的暖气流帮助自己升高。可是和昨天一样，它们又被一股强大的气流逼退。这样的状况持续了几天，它们一直没有放弃。终于有一天，机会来了，蓑羽鹤飞过了珠峰。就在它们向下飞的时候，两只偷袭的金雕从旁边扑了上来。很快，一只年轻的蓑羽鹤被金雕隔离开，接着，第二只、第三只也掉了队……镜头聚焦下的鹤群依旧队形整齐。它们毫不畏惧地向前飞，好像什么事也没发生过，直至消失在喜玛拉雅山脉南麓的密林中。飞越珠峰的过程中，蓑羽鹤中途折返，看似退却，实为寻求机会重整旗鼓；它们路遇"悍匪"金雕，不顾惜同伴性命，看似冷漠无情，实为能屈能伸顾全大局。

【灰鹤】

古人对灰鹤的认识很早，汉朝司马迁曾在《史记·乐书》中记载：师旷援琴时，"有玄鹤二八，集乎廊门。"

不过，古人对灰鹤又有误解。晋朝崔豹《古今注》中说，鹤千岁变苍，又千岁变黑，称为玄鹤。古代玄通元。《尔雅翼》将元鹤释为"鹤之老者"，故长寿鹤又称元鹤。这种说法一直到明朝才由李时珍予以纠正，指出鹤"亦有灰色者"。

《三才图会》载："雷山有元鹤者，粹黑如漆，共寿满三百六十岁，则纯黑。五者，有音乐之节则至，昔黄帝习乐于昆化山，有元鹤飞翔。"这些记载把这种鸟神化了。

灰鹤，别名千岁鹤、玄鹤。灰鹤是大型涉禽。灰鹤前顶冠黑色，中心皮肤裸露，呈红色，头及颈深青灰色。自眼后有一道宽的白色条纹伸至后颈。体羽余部灰色，背部长有长而密的三级飞羽略沾褐色。幼鸟全身黄棕色，随年龄长大，从身体到头颈逐渐变成成鸟体色。

灰鹤栖息于开阔平原、草地、沼泽、河滩、旷野、湖泊以及农田地带，尤其是富有水边植物的开阔湖泊和沼泽地带。通常呈5—10余只的小群活动，迁徙期间有时集群多达40—50只，在越冬地甚至有多达数百只的群体。

灰鹤性情机警，活动和觅食的时候常有一只担任警戒任务，不时地伸着长颈注视着四周的动静，一旦发现有危险，立刻长鸣一声并振翅飞翔，其他成员也立刻齐声长鸣，振翅而飞。飞行时常排列成"V"字或人字形，头部和颈部向前伸直，脚向后伸直。栖息时常一只脚站立，另一只脚收于腹部。

灰鹤在繁殖期初次与其他鹤类相遇时，它们是相当兴奋的，雄鹤与雌鹤并排站着，发出喧闹的叫声，这是它特殊的习性。繁殖期为4—7月，常组成小群在一起进行求偶炫耀。求偶炫耀时两翅半张，身体不断地上下蹲伏、跳跃和鸣叫。为一雄一雌制。通

塔城南湖中哈边境线一侧的灰鹤　　　　　　　　　　　塔城南湖湿地的灰鹤

常营巢于沼泽草地中的干燥地面上，主要由枯枝、叶、芦苇和草茎堆集而成。

灰鹤十分害怕人，它们在偏僻的沼泽地里繁殖。巢筑在苇地或苔属植物覆盖草甸中。灰鹤的雄鸟和雌鸟同其他许多鸟类一样，胸部在激素的控制下形成一个特殊的区域，称为孵化斑。进入孵化状态以后，胸骨左右侧的两个区域就开始脱掉羽毛，皮肤变得松弛而且血管也显得十分丰富。当进入发情高潮时，孵化斑就变成红色，其表面的温度与它的体温接近。在孵化时，亲鸟向两侧摇摆以确保卵与孵化斑的充分接触，然后就这样连续数小时地伏在卵上，仅在为保持均匀的温度、湿度而进行翻卵，以及与配偶换孵时才站立起来。当卵破壳以后，或者由于其他原因使孵化停止时，孵化斑便不再呈红色，而是变为平常的接近蓝色的皮肤。繁殖期过后，孵卵斑消失，胸部又重新长出羽毛。

雏鹤很早就能跟随双亲离巢走动，并从双亲嘴里取食，吃蠕虫等。

灰鹤栖息范围较广，繁殖期在4—5月份，筑巢于未耕过的田地上或沼泽地的草丛中，多选择离水较远而干燥的土地。主要以植物的叶、茎、嫩芽、块茎、草籽、玉米、谷粒、马铃薯、白菜、软体动物、昆虫、蛙、蜥蜴、鱼类等食物为食。

一年一度塔城盆地迁徙的灰鹤群

站在枯树枝上的苍鹭

【苍鹭】

苍鹭主要捕食鱼及青蛙，也吃哺乳动物和鸟。觅食时或是沿浅水处边走边啄食，或是彼此拉开一定距离独自站在水边，两眼紧盯着水面，一动不动长时间等候过往鱼群，一见鱼类或其他水生动物到来，立刻伸颈啄之，行动极为灵活敏捷。有时站在一个地方等候食物可长达数小时之久，故有"长脖老等"、"老青桩"之称。

苍鹭捕到大鱼后会将鱼摔死在岸上然后吞食。吃鱼时会把鱼儿扔向空中，然后快速掉转鱼的方向让鱼头先入口，避免被鱼鳍刺伤。吃进的食物中不易消化的部分会从口中吐出来。

苍鹭栖息于江河、溪流、湖泊、池塘、海岸等水域岸边及其浅水处，也见于沼泽、稻田、山地、森林和平原荒漠上的水边浅水处和沼泽地上。常成对和成小群活动，迁徙期间和冬季集成大群，有时亦与白鹭混群。站立时颈常曲缩于两肩之间，并常以一脚站立，另一脚缩于腹下，在浅水中站立可达数小时之久而不动。飞行时两翅鼓动缓慢，颈缩成"Z"字形，两脚向后仲直，远远的拖于尾后。晚上多成群栖息于高大的树上。

几年前曾看过一篇文章：聪明的苍鹭觅食办法很奇特。每当它肚子饿的时候,便会在一片沼泽地的上空盘旋几圈,然后在一个岸边停下来,瞪着眼睛注视水面。观察一阵后,它便飞到草丛里捉虫,捉到一条,便叼起投放到刚才观察的水域,反复多次后，那片水域下的小鱼扎成堆在等待天空掉下来的小虫。苍鹭便飞到岸边折一根草杆投放下去，小鱼以为草杆也是小虫，便争先恐后地抢夺，可草杆坚硬，随着鱼儿泛起的水花来回漂，鱼儿根本无法吞下它，结果招来抢夺的鱼儿越来越

夏季在水塘边觅食的苍鹭

多。这时，苍鹭就会从岸边悄悄下水，然后瞄准一条从它身边游过去抢食的小鱼，迅速将其叼住吞下，饱餐后的苍鹭便会悄悄地上岸，轻轻地飞走。

有人曾在野外亲眼目睹过苍鹭捕蛇的情景，也有国外摄影师拍摄过苍鹭捕食野兔震憾画面。"这只苍鹭当时从空中看到野兔后，立即俯身冲下来，它紧紧地抓住了兔子的耳朵，并将其扔到附近的河流中溺死；随后这只苍鹭竟然将野兔像吞枣一样整个吞吃下去。"

形形色色有关动物的奇闻每天都在荒野中上演，只是自恃为万物之灵的人类不知道罢了。

冬季在泉水边栖息的苍鹭

黑鹳成鸟（资料图片）

塔城南湖的黑鹳亚成鸟

【黑鹳】

黑鹳，又叫黑老鹳、乌鹳、锅鹳，是一种体态优美、体色鲜明、活动敏捷、性情机警的大型涉禽。鲜红色的嘴长而直，基部较粗，往先端逐渐变细，鼻孔较小，呈裂缝状。它的腿也较长，胫以下的部分裸出，呈鲜红色，前趾的基部之间具蹼。眼睛内的虹膜为褐色或黑色，周围裸出的皮肤也呈鲜红色。身上的羽毛除胸腹部为纯白色外，其余都是黑色，在不同角度的光线下，可以映出变幻多端的绿色、紫色或青铜色金属光辉，尤以头、颈部的更为明显。

黑鹳是一种进行长距离迁徙的候鸟，对繁殖、迁徙和越冬期间的生活环境都有很高的要求，尤其是觅食的水域，要求水质清澈见底，水深不超过40厘米，食物比较丰盛，冬季不能结冰。它们觅食的时候往往按照较为固定的路线活动，范围可以达数公里远。常常先在高空盘旋侦察，确定取食地点后，还要降落在水边仔细观望一会儿。一旦发现目标，便在浅滩上走走停停，潜行至猎物附近啄食。有时也在浅水中频频走动，捕前啄后，追赶鱼群，弄得水花四溅。追到食物后便用长嘴对准目标，猛插下去，将其捕到口中吞食。黑鹳的食物以鱼类为主，其次是蛙类、软体动物、甲壳类，偶而有少量蝼蛄、蟋蟀等昆虫和夹带吃入的水草。

黑鹳在飞行的时候头颈前伸，双腿后掠，形成一条直线，飞行高度多在300米以上。黑鹳活动时悄然无声，不善鸣叫，休息时常用单脚或双脚站立于水边沙滩上或草地上，脖颈收缩成驼背状。由于它们体型较大，有高超的飞行技巧和坚实有力的长嘴为武器，加之多栖居于悬崖峭壁之上，所以较少受到其他动物的攻击。

我国发现的黑鹳多在僻静而开阔的森林，河谷沼泽及近水的崇山峻岭间的悬崖峭壁上营巢，也有的营巢在黄土高原地带水蚀深沟的土崖上，西北干旱地区水域附近的砂石陡壁上，以及塔里木盆地周围的胡杨树上，所以有人把在我国黑鹳的营巢环境分为森林、荒原和荒山等三种类型。它们的巢一般直径达1—2米，高70厘米，多建在环境偏僻，避风向阳，便于觅食和防患天敌的地方，上面大多

塔城南湖飞翔的黑鹳亚成鸟

塔城南湖草原草丛中的黑鹳亚成鸟

有突出的岩石可以遮雨。成功繁殖以后，未受干扰的旧巢也可以连年使用，只需要重新进行修补并增加新材料，因而巢的体积也随使用年限的增加变得越来越庞大。

每年春天，刚刚来到繁殖地点的黑鹳，经常成双成对地在高空中盘旋、嬉戏，雄鸟和雌鸟紧密相随，相互追逐。雌鸟在盘旋时，往往会放慢滑翔速度，双腿下垂，似乎在等待着雄鸟的靠近。它们也用垂颈点头或频频鸣叫的方式来表达相互间的爱慕之情，还不时地夹杂着上下喙的叩击或雄鸟和雌鸟间用喙相互亲吻，磕碰所发出的清脆的，如同敲击竹板的"嗒、嗒"声。在共同筑巢的过程中，雄鸟以衔运建巢材料为主，雌鸟则多在巢中铺垫修理，整个筑巢过程大约需要一个星期。它们用略微粗长的乔、灌木树枝构成巢的主体，中、上层则使用细长的小灌木树枝，最后铺上大量的干燥苔藓，或是细软的草根、草茎、羊毛和枯叶等。

黑鹳每窝产2—4枚椭圆形、洁白色的卵。孵卵主要是由雌鸟来承担，雄鸟除了几次外出觅食外，其余时间均站在雌鸟的身边守护，遇到气温下降的天气，还常常再向巢中运送一些苔藓，供孵卵的雌鸟加垫巢窝。到了孵卵的中期，雄鸟也有时替换雌鸟孵化，以便雌鸟出外活动、觅食。

黑鹳夏天在中国北方繁殖，平时单独活动，繁殖季节成对活动，迁飞时结群活动。成年黑鹳的声带退化，不会发出叫声，但能用上下嘴快速叩击发出"嗒嗒嗒"的响声。黑鹳大多数是迁徙鸟类，主要迁徙到我国的长江以南越冬，迁徙主要在白天，常结成10余只至20多只的小群。秋季在9月下旬至10月初开始往南迁移，春季在塔城大多在3月底至4月末到达繁殖地。

黑鹳具有较高的观赏和展览价值，为国家一级重点保护动物，是非常罕见的濒危物种。繁殖地生态环境的改变，生存条件的恶化是影响黑鹳种群繁衍壮大的主要原因。黑鹳的种群数量在全球范围内都已经显著减少，目前全世界仅尚存约1000多个繁殖对。黑鹳已被《濒危野生动植物种国际贸易公约》列为濒危物种，珍稀程度不亚于大熊猫。

黑鹳在塔城的库鲁斯台湿地次生林草原，和靠近中哈边境的乌棕拉尕什次生林水源地有少量分布。据资料记，在新疆南部发现了500只以上的大群，这些重大发现给黑鹳的繁衍生息带来了希望。

春季站在枝头的喜鹊

【民间吉祥鸟 —— 喜鹊】

喜鹊是深受中国各族人民喜爱的鸟，自古以来，人们都认为喜鹊是一种能给人带来好运、吉祥和幸福的鸟。喜鹊在我国的分布很广，几乎所有省区都有，新疆塔城的农庄和牧区定居点也能看到喜鹊美丽的身影。

喜鹊属雀形目鸦科鹊属，又名鹊。体形特点是头、颈、背至尾均为黑色，并自前往后分别呈现紫色、绿蓝色等光泽。双翅黑色而左翼有一大块白斑。雌雄羽色相似，为当地留鸟。它喜欢把巢筑在民宅旁的大树上，在有人烟的地点活动，巢呈球状，由雌雄共同用枯树枝编筑，内壁填厚泥土，内衬草叶、兽毛、羽毛等。

在新疆塔城盆地农区，由于农田大量使用农药，喜鹊已不多见，但在沿山丘陵地带的农庄和哈萨克定居村落还时常可见。我发现喜鹊的筑巢上边用树枝编成的顶盖与底层浑然一体，它进出的门往往朝向枝多的一面。塔城盆地三面环山鹰比较多的缘故，这是喜鹊为防鹰对自己生存的威胁而发明的筑巢方式。

喜鹊的食物80%以上为危害农作物的害虫，为益鸟。人们喜爱喜鹊还有深层的原因，这和我们民族审美心理和传统文化有关，中国传统文化艺术就有专门赋予喜鹊吉祥美好含义的题材，如：梅花与喜鹊组合的作品为"喜上眉梢"，与牡丹组合为"富

安喜庆"，站在树枝上为"喜登枝头"，两只喜鹊相对叫"喜相逢"，双鹊中加上一枚古钱叫"喜在眼前"，一只獾和一只喜鹊对望叫"欢天喜地"等等。关于喜鹊还有许多美丽的传说，如中国民间就有牛郎织女每年七夕相会，那又宽又大的银河就是由成千上万只喜鹊所搭的"鹊桥"。至今北方农村新人结婚时还有布置有关喜鹊题材画面的习俗。

有这样一个故事在民间广为流传：贞观末期有个叫黎景逸的人，常喂食家门前树上巢里的鹊儿，时间久了，人鸟有了很深的感情。有一次黎景逸被冤枉入狱，正在他倍感痛苦之时，突然有一天，他喂食的那只喜鹊来到狱窗前欢叫不停，他估计会有好消息来了，果然三天后他被无罪释放。

《本草纲目》说喜鹊的名字包含两个含义，一是"鹊鸣，故谓之鹊"，二是"灵能报喜，故谓之喜"，合起来就是喜鹊。

古书《禽经》中还有"仰鸣则阳，俯鸣则雨，人闻其声则喜"的记载，认为喜鹊还有预报天气变化的能力。

喜鹊有怕热、喜凉爽的特点。还有随季节迁徙的习性，在塔尔巴哈台牧区经常可见到喜鹊跟随着牧人转场，夏至高山夏牧场和牧人畜群相依相随一起生活几个月，冬季回到冬牧场的和谐情景。

在牧区喜鹊和羊和谐的生活在一起

红柳枝头翻飞的棕尾伯劳

库鲁斯台草原的棕尾伯劳

野苹果花上的灰伯劳

【伯劳】

在塔尔巴哈台荒野上，生活着一种极常见、外表极平凡却能力非凡的鸟。它是一种凶猛的鸟，被人们称为雀形目中的"猛禽"，有"雀王"之称，它以捕食昆虫、地鼠、蜥蜴等为食，并把所捕获的小动物倒挂在树枝上，借用灌丛尖刺的帮助，将其杀死，并用尖喙将其撕碎而食，所以人们也称其为"屠夫鸟"。

这种鸟就是伯劳，新疆各地常见的鸟类，分布在南北疆各地的戈壁、草原、荒漠中。它的嘴大而强，侧扁，尖端有像鹰一样小钩曲，体长大约17厘米，栖息在丘陵开阔的草地、半荒漠草原等地。5月间繁殖，巢呈杯状，筑于有棘的树木或灌木丛间。每窝产卵2—7枚，由雌鸟孵卵，双亲育雏。塔城地区有棕背伯劳和荒漠伯劳两种。

关于伯劳还有个有趣的传说：周宣王时，贤臣尹吉甫听信继室的谗言，误杀了前妻留下的爱子伯奇，而伯奇的弟弟伯封哀悼兄长的不幸，作了一首悲伤的诗，尹吉甫听了以后十分后悔，哀痛不已。有一天尹吉甫在郊外看见一只从未见过的鸟，停在桑树上对他啾啾而鸣，声音甚是悲凉哀悼，尹吉甫怦然心动，坚信这只鸟是他的儿子伯奇的魂魄所化，于是就说："伯奇劳乎，如果你是我的儿子，就飞来停在我的马车上。"话音刚落，这只鸟果真飞来停在马车上，随着尹吉甫回到了家中。到家后鸟又停在井上对着屋子哀鸣，尹吉甫万分愧疚，决心杀死继妻，他假装要射杀鸟，拿起了弓箭却将继妻射杀了，以告慰伯奇。后来人们便将尹吉甫的一句话"伯奇劳乎"，简化为"伯劳"用作鸟名。

站在红柳枝上的棕尾伯劳

春季长着一身保护色的百灵鸟

站在枝头的百灵鸟

【草原百灵鸟】

夏至时节，塔尔巴哈台山处处充满生机。雨后的清晨，行走在喀浪古尔河与阿布都拉河之间的一块山间谷地时，草原四周黛绿色的山脉浓云缭绕，愈发显得高深幽寂。各种野生山花在黑土地的孕育下攒足了力量，经一场夏雨滋润即勃发葱翠，整个清新的草原弥漫着一种无言以喻的混合气息，令人心旌摇荡。

走在满眼野花的草原小路上，脚步声惊起草丛中或一簇簇灌木枝上的各种鸟。空中不时传来一阵悦耳动听的声音，仰视空中只能看到一个小斑点，寂静的旷野中，倾听这天籁妙音，这人间音乐家也无法弹奏出的不凡乐音，仿佛积蓄了生命无穷能量和激情的声音，难以置信它竟发自一只鸟儿弱小的躯体。

这体型娇小、其貌不扬的小鸟，就是百灵鸟，草原戈壁最常见的一

种小鸟。草原天空上百灵鸟，不孤芳自赏，它与灌丛枝头的歌鸲、伯劳、褐头鹀、长尾朱雀等共同绘制原生态画卷，谱写华美的乐章。远离世俗喧嚣的躯体一旦闯入大自然的鸟类乐园，精神也随之进入了人间少有的草原圣境。

　　百灵鸟是草原的代表性鸟类，美丽的草原或广袤的戈壁荒原上都活跃着它的身影。百灵鸟属于小型鸣禽。它的头上常有漂亮的羽冠，嘴较小，呈圆锥状，有些种类长而稍弯曲。鼻孔上常有悬羽掩盖。翅膀稍尖长，尾较翅为短，附跖后缘较钝，具有盾状鳞，后爪一般长而直。

　　我长时间生活在塔城这块神奇美丽的热土上，数年间，神痴情迷于荒野，尤其迷恋雨后洁净的戈壁、草原。每当雨后行走草原，时常目睹沙百灵和云雀从地面拔地而起，直冲云霄，在空中保持着上、下、前、后力的平衡，悬翔于一点，与众多的百灵鸟在云头鸣唱。

　　角百灵常悄悄在草地上穿行游走，或站在高处窥视四周的动静，行动较为诡秘。凤头百灵因头顶有一簇直立成单角状的黑色长羽构成的羽冠而得名，它生性胆大，在孵卵时也不像其他鸟类那样容易惊飞，喜欢在草原上车辆压出的自然道路上旁若无人地觅食。

洗完沙土浴配偶的百灵鸟

不遗余力给雌鸟表演的百灵鸟　　　　　　　　　　　　　配偶完成的百灵鸟

晴天时，百灵鸟还喜欢在路面的沙土中"洗沙浴"，洗完后抖动翅膀围着雌鸟转圈，似乎在炫耀显示自己的雄性魅力，以引起雌百灵的关注并获得爱情。谈情说爱时雌雄鸟双双飞舞，常常凌空直上，在几十米以上的天空悬飞停留。歌声中止，骤然垂直下落，待接近地面时再向上飞起，又重新唱起歌来。

塔尔巴哈台草原上的百灵鸟一般在4月中旬开始择偶成对，在地面上鸣叫，并选择巢区。巢筑在地面草丛中，巢呈杯状。每窝产卵大多为2-5枚，大约经过15天孵化，雏鸟破壳而出。草原上的各种草籽、嫩叶、浆果以及昆虫，为地面取食的杂食性百灵鸟提供了取之不尽的食物。百灵鸟繁殖的季节，正是昆虫大量繁衍的时候，以高能量的昆虫饲喂雏鸟，雏鸟生长迅速。塔城市克孜贝提草原上，因独特的原生自然条件和丰富的食物资源，有些百灵亲鸟还可以在当年进行第二次繁殖，以哺育后代。

百灵鸟还有一项高超的本领"效鸣"，它善于模仿其他鸣禽的叫声，以及其他物体发出的声音。雄百灵鸟歌声清脆洪亮、婉转动听，雌百灵鸟只能单声鸣叫。据说，经过人工驯化的优秀的百灵鸟，能把各种动物叫声连在一起鸣唱，可以把许多音节串连成章，仿佛绝妙的口技表演。它还能边唱边舞，很惹人喜爱。

2008年6月，在塔尔巴哈台草原，笔者有幸拍摄到几只百灵张开翅膀载歌载舞的动人画面。

百灵鸟以其美妙的歌喉、优美的舞姿、令人叹服的飞翔技巧，给美丽的草原带来了生机和活力，也给人类生活增添了无穷的乐趣。这种神奇的小鸟，在塔尔巴哈台草原经过几百万年的共同演化，获得了适于开阔草原生存的各种特征，更以其独特的生活习性和自身特点，在维持生态系统的平衡方面起着重要作用。

辛勤哺育幼鸟的百灵鸟

站在枝头沐浴阳光的百灵鸟

【 "黑百灵" —— 乌鸫 】

惊蛰过后（公历3月份），塔尔巴哈台冰雪初融，在塔城文化广场旁，有一片中国西部最大的原生古树林，静静的乌拉斯台河在它的西侧欢快地流淌。古树枝头的乌鸫鸟、煤山雀及乌拉斯台河冰层下的滨鹬鸟，这些富有灵性的鸟儿，早已感知到早春的气息，兴奋地不停飞动着。

随着气温升高，林间向阳的一面，已露出地面草皮，沉寂了一个冬季的乌鸫鸟也加入了鸟的合奏，它是我所见外表并不美丽但绝对是叫声最好听的鸟类，它竟然可以早晚变换音调，而且会学其他鸟叫，善于变声。

乌鸫鸟叫声最好听的时间是在4月底、5月初，这段时间塔城的所有树林已是枝繁叶茂，乌鸫鸟和其他鸣禽如鸲蝗莺、歌鸲等活跃在林间比赛似的鸣唱。乌鸫鸟一年四季都在我们的身边，常于清晨和夜间在房子周围的树上歌唱。它是对塔尔巴哈台人不离不弃的"义鸟"，就是在零下40度的严寒天气也不曾飞离。

乌鸫鸟全身乌黑，喙为腊黄色，眼周有一道金色的圈，爪子接近灰黑色，体长20—30厘米。外形和八哥近似，但翅上无白斑，鼻子上没有羽毛，形体比八哥稍大。它在树上营巢，在地面上觅食活动，善奔走，多以昆虫为食。

我家院子也有乌鸫鸟的身影，记不得有多少个夜晚，伴着它美妙的鸣声进入梦乡；多少个黎明，又被它清脆歌声唤醒。起初以为是"夜莺"，因它的叫声实在太美妙了。也曾以为是小乌鸦。后来拍到这种鸟的清晰照片后，查阅资料才识庐山真面目，确定它就是"乌鸫"，又名百舌、反舌。单从别名上也可联想到它叫声的多变和美妙。

春季大量捕食害虫的乌鸫

站在树影里准备喂雏鸟的乌鸫

在挂满寒霜沙枣树上觅食的雌乌鸫　　　　　　　　　　　　　　站在山楂树上的雄乌鸫

自古有关乌鸫的诗文有不少，如唐代刘禹锡的《百舌吟》有诗云："望簧百瞬间韵变，舌端万变承春辉。黄鹂吞声燕无语，索莫无言高下飞。"

唐代杜甫认为乌鸫是一种灵鸟，能辨忠奸，他的诗云："百舌来何处，重重只报春，知音兼众语，楚翻它多身。花密藏难见，技高听转新。过时如发口，君则有谗人。"

宋代文同《咏百舌》："众禽乘春喉物生，满林无限啼新晴。就中百舌最无谓，满口学尽众鸟声。"由此可见，古人对百舌的喜爱和了解的程度。

乌鸫不仅带给我们天籁般的妙音，它也是一种益鸟。每年的早春（3—4月）时节是乌鸫鸟活动繁衍的主要时期。乌鸫鸟不怕人，总是在人面前跑来跑去。

每年的春、夏季节，沉浸在乌鸫的妙音里，是一种惬意和享受。而当我在挂满冰霜的寒冷冬季，拍到它在乡村周围的寒霜中艰难觅食的身影，更为这个小小生灵守望家园的忠诚所感动。

寒冬季节在枝头觅食的雌乌鸫　　　　　　　　　　　　　　寒冬季节站在榆树枝头的雄乌鸫

站在树桩上的蓝点颏（蓝喉歌鸲）　　　　　　　　　　库鲁斯台草原站在枝头的蓝喉歌鸲

【蓝喉歌鸲】

　　每年的春夏季节，我时常会在雨后初晴日子，驱车前往几十公里外的塔城库鲁斯台腹地广袤浓密的次生林草原。这里是一块野生鸟类栖息繁衍的天堂，也是我长久埋藏在心间与大美自然和野性生灵不期邂逅心灵交流的秘地。每次来到这里总会被各种美妙动听的鸟儿鸣叫声所打动。有一次无意间被一种美妙的佳音所吸引，循声找去，就发现了一种身体大小和麻雀相似、羽毛褐色、喉部天蓝色的小鸟，翘着尾巴鼓着全身的力气在不停鸣叫。

　　后对照资料得知这种小鸟名叫蓝点颏也称蓝喉歌鸲。它体长约14厘米。雄鸟上体羽色呈土褐色，头顶羽色较深，有白色眉纹，喉部亮蓝色，中央有栗色块斑，胸部有黑色和淡栗色两道宽带，腹部白色，两胁和尾下覆羽棕白色。雌鸟喉部无栗色块斑，喉白而无橘黄色及蓝色，黑色的细颊纹与由黑色点斑组成的胸带相连。幼鸟翅上覆羽有淡栗色块斑。幼鸟翅上覆羽鸣声饱满似铃声，节拍加快，部分蓝点颏会模仿其他鸟的鸣声。有时在夜间鸣叫。平时鸣叫为单音，繁殖期发出嘹亮的优美歌声，也能仿效昆虫鸣声。它美妙的叫声和其他鸟类共奏一处，给苍莽孤寂的南湖次生草原增添无限生机和活力成为远离尘嚣的鸟类乐园，是使人灵魂得到休憩的人间净地。

　　每年的春夏时节，生活在库鲁斯台草原的各种鸣禽还有许多如生活在荒漠边缘的沙即、平原鹨、褐头鸦、横斑林莺、红交嘴雀、黑喉石唧等美丽的小生灵。这些鸟类给寂寥的库鲁斯台草原林区增添了无穷的生命活力。

库鲁斯台草原草原沙即

库鲁斯台草原平原鹨

库鲁斯台草原横斑林莺

库鲁斯台草原上的褐头鸦

红交嘴雀

草原的黑喉石即

【鹡鸰鸟】

春分过后，塔尔巴哈台大地的冰雪并未完全化尽，柳条才刚刚从寒冬的灰色变了点点绿意。各种各样的鸟儿便纷纷赶来，在池塘边、湿地上，漂着浮冰的溪流、河坝草地上，有一种身体瘦小而尾巴较长的的小鸟名叫鹡鸰。它们成双成对跳来跳去，细长的尾巴一翘一翘，伴随着尖细的叫声，欢快地在水边草地上觅食，当地人也称点水雀。鹡鸰鸟在塔城大地上共有白鹡鸰、灰鹡鸰、黄鹡鸰、黄头鹡鸰等种类。

站在枝头鸣叫的灰鹡鸰

塔城库鲁斯台草原栖息的灰鹡鸰

塔城草原栖息的白鹡鸰

塔城草原栖息的白鹡鸰

塔城戈壁滩觅食的黄头鹡鸰

塔城盆地戈壁滩上的黑背鹡鸰

塔城草原湿地的黄鹡鸰

正在喂食雏鸟的灰鹡鸰

塔城三道河坝隐藏在古柳树皮上的夜鹰

【普通夜鹰】

　　久居塔城的人，最大的感受就是塔城的鸟多，塔城确实是鸟类的乐园，一年四季都有很多种鸟栖息于此。到6月时树阴浓密时，有一种叫声非常好听的神秘鸟会来到塔城，它每天都于静谧的夜晚深藏林间彻夜鸣叫，人们只能听到那美妙动听的鸣音，但很少有人目睹过它的形象。

　　这种鸟就是夜鹰，又名蚊母鸟、贴树皮、鬼鸟、夜燕。以雄鸟在繁殖季节发出的悦耳动听的鸣声而著名。因它的歌声动听如莺，又在夜间鸣叫，故人们称它为夜鹰。唐代李肇作的《唐国史补》上记述："江东有蚊母鸟，夏则夜鸣，吐蚊于丛草间。"可见古代人们对它已有所观察和了解，但"吐蚊"之说却是误解。夜鹰嘴大，它具有非凡的空中捕食本领，有时也到草丛间低飞，张着大嘴捕食蚊虫，因而被误解为"吐蚊"了。

　　夜鹰是白日休息而夜间活动的鸟，喜欢吃蚊虫和金龟子等，由于全身都是深褐色与白色相交汇的斑驳状花纹，白天多蹲伏于林中草地上或卧伏在阴暗的树干上，由于体色和树干颜色很相似，很难发现，故又名"贴树皮"。

夜鹰尤以黄昏时最为活跃，一刻不停地在空中回旋飞行，在塔城常栖息于城区公园树林、草原次生林区或灌木丛中，它捕食害虫，为森林益鸟。飞行快速而无声，常在鼓翼飞翔之后伴随着一阵滑翔。在塔城为夏候鸟。每年最早4—5月迁来，居留期大概为150天左右。

该物种在2000年8月1列入国家陆生野生动物名录。

受惊起飞的夜鹰

【夜莺（新疆歌鸲）】

塔城还有一种被老百姓称作夜莺的鸟类，它是雀形目鹟科的一种鸟。体色灰褐，是观赏鸟的种类之一。夜莺体色灰褐，羽色并不绚丽，但鸣唱非常出众，音域极广。与其他鸟类不同，常常喜欢在密林间鸣叫。因是少有的在夜间鸣唱的鸟类，故得其名。

夜莺常栖于于河谷、河漫滩稀疏的落叶林和混交林、塔城市区的灌木丛或园圃间，也常隐匿于矮灌丛或树木的低枝间，是一种迁徙的食虫鸟类。

塔城广场密林间的夜莺

站在枝头不断鸣叫的夜莺（歌鸲）

【漫话乌鸦】

平时出门在外搞摄影创作，免不了长期奔波在高山、草原、戈壁和河谷间。时间久了随着摄影题材的扩展，图库内积累了大量美丽的风光，奇花异木、飞禽走兽也渐入镜头，有些动物起先是由于好奇顺手拍摄，回来后通过查阅资料，才对这些禽鸟有了大致了解。

提起乌鸦，可能很多人会不屑一顾，认为乌鸦没什么好拍的。乌鸦相貌丑陋，没有多彩的羽毛，还常于山间、草地吃腐食。记忆中，乌鸦的确是人们司空见惯又无好感的鸟。

其实乌鸦也分几十个种类，中国有7种，大多为留鸟。在新疆不同地域分布着不同种类的乌鸦，平时在田野、树林、草原上见到乌鸦俗称"老鸹"，黑嘴、黑腿体型较大的称"乌鸦"。在塔尔巴哈台地区，据笔者观察，至少有秃鼻乌鸦、大嘴乌鸦、小嘴乌鸦、达乌里寒鸦和灰头乌鸦5种。

有一年春天，闲来无事，我来到塔城乡野游逛，顺便拍些图片。来到恰和吉牧场，置身于宁静的乡野，呼吸着略带田野泥土气息的空气，沐浴初春和煦的阳光，只觉得神清气爽，浑身舒畅。忽见两边长满老榆树的道路上，成群的乌鸦在榆树枝的丫杈上忙碌搭建新巢。我停车驻足观看，无意间留意到一只乌鸦，它正忙着把上边窝里的树枝衔到下面的窝里。它在搬家吗？我顿时来了精神，再仔细看，原来是两个家庭都在搭建各自的巢，上面巢中那一对夫妇，辛辛苦苦从很远的地方捡拾来合适的树枝放回窝里，刚转身一离开，就被那只不劳而获的邻居"顺手牵羊"了，它以为自己做得神不知鬼不觉，却不料被我的相机捕获了证据。

对乌鸦有好感缘于一次经历。2006年深秋，我在塔尔巴哈台卡姆斯特边防站拍片时，无意间看见很多乌鸦在羊群间飞来飞去，很多羊身上都立着乌鸦，有一只羊头上竟同时站着两

塔城乡村白杨树上的鸦巢

只，羊儿却似乎没有任何反感情绪，仍然在静静吃草，一副若无其事的模样，任由乌鸦聒噪折腾。我正好奇，就见一只粗毛羊仰着头惬意地站在那里，一只乌鸦在它的眼睛周围啄来啄去。忽然想起，莫非这就是民间传闻乌鸦能给羊治病的由来吗？拍好图片回到城里，询问知识人，解释是羊眼睑生了寄生虫，聪明的乌鸦既为自己补充了高蛋白食物，又给羊解除了痛苦，做了两全其美的事。

在牧区，还听过一个有关乌鸦的奇闻。有一年寒冷的冬季，大山中的动物面临食物短缺的难题。年老体衰或因争斗受伤的盘羊，成为乌鸦们追逐等待的对象。虽然觅食困难，但盘羊不会立即死去，见此情景，饥饿的乌鸦焦急而又无可奈何地在空中飞来飞去。聪明的"鸦王"想出了办法，第二天清晨发动乌鸦成员，跟随着这只弱盘羊，先衔起盘羊排泄的新鲜粪团，然后去寻找饥饿的狼群，把粪团丢向狼群，狼就能根据粪团的气味轻易判断猎物，便随着乌鸦指引的方向，猎获到体弱的盘羊。狼群风卷残云饱食过后，剩余的残羹剩肉也解决了乌鸦饥饿之苦。这是荒野中上演的一幕"借刀杀人"的传奇故事。

电线上的寒鸦

塔城乡村耕地间的秃鼻乌鸦

电线上的达乌里寒鸦

草原上的疣鼻乌鸦

小嘴乌鸦

正在觅食的寒鸦群

乌鸦是一种有灵性之鸟，也是高智商的鸟。根据科学家证实，乌鸦很有创造性，它们甚至可以利用和制作工具完成任务，小学课本就有"乌鸦喝水"的寓言故事。乌鸦还重感情，终生实行一夫一妻，并且懂得反哺之恩。《本草纲目》中称："乌鸦初生，母哺六十日，长则反哺六十日，可谓'慈孝'矣。"因此人们也称乌鸦为"孝鸟"。

在唐代以前的中国民俗文化中，乌鸦被誉为是吉祥和有预言作用的神鸟，有"乌鸦报喜，始有周兴"的历史传说。汉董仲舒在《春秋繁·同类相动》中引《尚书传》有"周将兴时，有大赤乌衔谷之种而集王屋之上，武王喜，诸大夫皆喜"的记载。古代典籍《淮南子》、《左传》、《史记》等有关乌鸦的记载。

唐代以后，开始有乌鸦主凶兆的说法出现。唐段成式《酉阳杂俎》有"乌鸣地上无好音"等记载。直至现今，很多人还持乌

准备偷窃邻居筑巢材料的秃鼻乌鸦

偷完东西还竭力表白自己清白的乌鸦

聪明的乌鸦和羊有一种共生关系

鸦是一种不吉祥的鸟的观点。有人推测，这可能与旧时有的人家有久病在床或将亡之人，身体散发异味，而吸引喜吃腐尸的乌鸦到家宅前鸣叫有关，其后人就把乌鸦当做不祥之鸟。

也有人认为，乌鸦兆凶观念的产生可能因乌鸦是杂食性鸟类，嗜食死动物腐尸。乌鸦与尸体的这种缘分，逐渐在人们的思维中倒因为果，形成鸦鸣兆凶、兆人亡的观念。

而在一些地区和民族中，乌鸦的形象并不可怕。在四川一些地区，乌鸦被人们当作一种神鸟来崇拜，这可能与蜀人的"悬棺"丧葬习俗有关。满族人认为乌鸦是本民族的预报神喜神和保护神，有"乌鸦救祖"（清太祖）的传说。东北山民进山打猎也有"扬肉洒酒，以祭乌鸦"的传统。清太宗专门在沈阳故宫前设立"索伦杆"祭祀乌鸦，并在沈阳城西专辟一地喂饲乌鸦，不许伤害。清顺汉帝入关后，亦在北京故宫清甯宫内设立"索伦杆"，保持了对乌鸦最高规模的崇拜。

给羊治病的乌鸦

【红嘴山鸦】

在天山、昆仑山和帕米尔高原海拔2000米以上的山地，分布着许多体型较小、比黑八哥稍大的鸟，浑身闪着带金属光泽的黑色，体态优美，人们把这种鸟称为红嘴山鸦。

《本草纲目》中写的"似乌鸦而小，赤绪穴居者，山鸟也"，即指山鸦。山鸦有两种，它们属雀形目鸦科，一种是红嘴山鸦，体长1尺有余，重约500克，身段"苗条"，全身乌黑，发出金属蓝色的光泽，配以鲜红的嘴和腿爪。另一种是黄嘴山鸦，与红嘴山鸦只有一点不同，它的嘴和腿爪是桔黄色的。它们有时十余只，有时几十只甚至上百只，结队在山间谷地飞翔，整天忙碌着从一个山坡飞到另一个山坡，发出清脆的"救急—救急"鸣声，彼此应和着。

山鸦主要栖息在山地，有时散见于近山平原的田地或园圃间。地栖性，常成对或成小群在地上活动，也喜欢在山头上空和山谷间飞翔。飞行轻快，并在鼓翼飞翔之后伴随一阵滑翔。善鸣叫，成天吵闹不息，叫声甚为嘈杂。有时也和喜鹊、寒鸦等其他鸟类混群活动。灵巧敏捷，可以在热气流上玩耍，滑翔时短宽的两翼及显见的初级飞羽"翼指"张开飞行。

山鸦全身覆盖漆黑的羽毛，特征为长而弯曲的鲜艳的红喙、红色的鸟爪和尖锐的叫声。其特有的扇形展开的尾翼，让它们可以以高超的杂技技巧在空中翱翔。

塔尔巴哈台山顶上的红嘴山鸦

春季，山鸦从温暖的地带归来，选择多裂隙的陡壁，或是垂直的大洞穴壁上，群集在一起成对筑巢。集群生活有助于它们抵抗猛禽的袭击。山鸦每巢产卵3—4枚，6月下旬就可看到雏鸦出巢。山鸦幼小时形态远不如它们的父母漂亮，黑羽无光泽，嘴和腿为黑褐色，易使人误认为是红嘴山鸦与乌鸦的"混血儿"。

夏季，在雄奇苍莽的高山草原上，有时会在山崖壁上看两只红嘴山鸦紧紧依偎在一起，不时地用嘴相衔交接，不知道的人还以为是两只山鸦在"接吻"。其实这是离巢的幼山鸦，还没完全学会在山野独自觅食，仍在依靠双亲饲喂食物的情景。

山鸦是新疆的夏候鸟，在疆内分布很广，塔城盆地的西部界山等许多地方都有分布。在海拔2000—3500米的山区谷地中均可见到，黄嘴山鸦可生存于海拔5000米以上的高山。有时它们还飞到更低的山麓草原带觅食。黄嘴山鸦仅见于帕米尔高原和昆仑山的高山带，而3000米以下则极难见到。

岩壁上的红嘴山鸦

红嘴山鸦在繁殖季节很讲究营养，它吃荤不吃素，纯以蛋白质丰富的昆虫为食，以吃鳞翅目幼虫和鞘翅目幼虫为主，也吃其他昆虫的蛹和造桥虫幼虫，偶尔才吃一些植物的嫩芽和果实。它们在山坡上用喙掘开土表，捕捉附在植物上的昆虫幼虫，对保护草原十分有利。据说山鸦的肉也可入中药，有滋养补虚的功效，主治虚劳发热、咳嗽等疾病，是人类有益的朋友。

别看红嘴山鸦平时飞行时一窝蜂，不成队形，但在实际的荒野生存中，鸦群成员各司其职，分工明确。有人就曾在山中无意打死了一只红嘴山鸦，其他山鸦在"山鸦头领"的带领下，惊飞到另一个山崖安全地带后，其中一只遭到另几只山鸦共同啄击，原来由于这位"哨兵"的失职，山鸦群失去了一个同伴，所以它受到了同伴们的集体惩戒。

猛禽和狐狸是山鸦的主要天敌。在繁殖季节，山鸦为了保护幼鸦，也很勇猛，有时它们几只在一起，夹攻并驱逐接近巢区的鹰，一直逼它飞离巢区很远才罢休。

红嘴山鸦很聪明，一般在山崖的洞穴中掏取幼鸟回家饲养，经过人工驯熟后的山鸦很有趣。它不但善仿人言，而且还能跟随主人飞舞。每天跟人下农田，在犁后啄食昆虫幼虫及蛹，收工后跟人一起回家。聪明的红嘴山鸦还和大山里的其他野生动物结成相互依存的共生关系，给寂静的山野增加了不少荒野奇趣。

冬季在山谷觅食的红嘴山鸦

冬季塔城乡野站在树枝上的猫头鹰

【猫头鹰】

山上的哈萨克族朋友托人带来消息，他在塔尔巴哈台的那音乔卡山放牧绒山羊时，有几只山羊特别调皮，攀爬到更高的山顶去觅食，下午拦羊时发现少了几只。牧人怕遭遇狼害，赶紧分头去找，走到一个偏僻的峭壁时，发现了一只神奇的大鸟。牧人说有点像猫头鹰，但比平时所见的猫头鹰大好几倍。这只大鸟嘴不停地发出"哒、哒"的声响，很恐怖的样子。

得知消息，我和朋友立刻驱车前往，车行至那音乔卡山时，山路愈走愈险，只好弃车步行前往。8月的塔尔巴哈台山区，草木已开始泛黄。我们脚踩着山上风化的石块艰难行走，走到那音乔卡山有关车辆图案的岩画时（据说此岩画群是我国北方草原迄今为止发现的、唯一一处有关车辆的巨石岩画），我们已经累得气喘吁吁，但好奇心促使我们加快脚步，艰难地转过一处陡峭的山崖时，朋友说昨天发现大鸟的地方快到了。

我们放慢脚步，突然在眼前十几米高的青黑色崖壁下，一块几平方米的平坦草地上发现一只羽翼未丰的巨鸟转着圈，嘴发着"哒、哒、哒"的奇怪响声，正在向一只石鸡（嘎拉鸡）发起攻击。可能是石鸡无意间侵占了它的领地，才导致了大鸟的绝地反击。我一激动，被脚下的石块绊了一跤，也顾不上痛，拿起相机抓拍到了无比珍贵的《大鸟勇斗石鸡图》。

那音乔卡山雕鸮勇斗石鸡图

细心观察这只大鸟，正是在塔尔巴哈台地区珍贵稀少的"雕鸮"，是中国体型最大的猫头鹰。

在中国分布的猫头鹰大约有26种，塔尔巴哈台地区有长耳鸮、雪鸮、小鸮、雕鸮等，栖息于山地森林疏林、高山和峭壁，也有一些种类栖息于草原、沙漠、沼泽、苔原等地。一般为留鸟，除繁殖季节成对外，平常单独活动，多数夜间或晨昏时活动，猫头鹰的体羽通常为暗褐色，在白昼栖息时凭借保护色不易被发现，白天隐匿于树洞、岩穴或稠密的枝叶之间，但也有少数在白昼活动。

猫头鹰是唯一能够分辨蓝色的鸟类。猫头鹰眼周的羽毛呈辐射状，细羽的排列形成脸盘，面形似猫，因此得名为猫头鹰。猫头鹰的雌鸟体形一般比雄鸟大。它们还有一个转动灵活的脖子，使脸能转向后方。此外，它们的左右耳朵不对称，在捕捉同一声音时可产生细微差别，使它们极其准确地测定猎物的立体方位。羽毛的表面密布着绒毛，飞羽边缘还具锯齿般的柔软的缘缨，飞行时可以减弱和空气的摩擦，减弱或消除噪声，便于向猎物发动突然袭击。脚粗壮而强，多数全部被羽，这样能在夜间捕食时减弱噪声并御寒。

猫头鹰属夜行性的猛禽，外貌奇特，长相古怪，两眼又大又圆，炯炯发光；两耳直立，好像神话中的双角妖怪，充满杀气。尤其是那萦回于黑夜的叫声，更令人恐怖，所以也常被人们称为"恶声鸟"。猫头鹰昼伏夜出，飞行时像幽灵一样飘忽无声，常常只见黑影一闪，也使对其行为不甚了解的人们产生了种种可怕的联想。我国民间有"夜猫子进宅，无事不来"，"不怕夜猫子叫，就怕夜猫子笑"等俗语。民间常把猫头鹰当作"不祥之鸟"，称为逐魂鸟、报丧鸟等，古书中还把它称之为怪鸱、鬼车、魑魂或流离，当作厄运和死亡的象征。

大多数人有对猫头鹰忌讳的旧习俗。新疆塔尔巴哈台地区游牧的哈萨克人，却自古都有崇拜猫头鹰的传统和民俗。在哈萨克人

那音乔卡山雕鸮勇斗石鸡图

的生活中，至今还保留着用猫头鹰羽毛做的装饰物，并把羽毛视为"祥瑞之物"而崇敬的习俗。

前几年，我经常在大雪天到乡村拍片，曾多次在塔城市也门勒乡哈萨克人家的院子里，大白天看到几十只猫头鹰栖息在一颗大树上的景象。牧人在院内忙碌劳作，院内鸡鸣狗吠，树上静静安睡的猫头鹰丝毫不受影响。我一边拍着照片，一边为这种人与鸟类和谐相处的情景深深感动。后来再去时，因城镇化改造，院内的大树已遭砍伐，当然也无从寻觅猫头鹰的踪影了，很是伤感，为猫头鹰，也为人类自身。

虽然民间对猫头鹰有不同看法，存有很多误解，但其捕鼠的能力却是公认的。古书上曾有这样的记载："北方枭入家以为怪，共恶之；南中昼夜飞鸣，与鸟鹊无异。桂林人罗取生鬻之，家家养使捕鼠，以为胜狸。"直到现在，鼠害对农牧业的影响依然十分严重，猫头鹰高超的捕鼠能力也被人们津津乐道。一只猫头鹰每年可以吃掉1000多只老鼠，相当于为人类保护了数吨粮食，的确劳苦功高。猫头鹰大多数种类几乎都专以鼠类为食，也吃一些小型鸟类、哺乳类和昆虫。猫头鹰是重要的益鸟，给人们带来了巨大益处，对维持生态平衡有重要意义，应当大力保护。

塔城市也门勒乡冬季在哈萨克牧人院内大树上栖息的猫头鹰

塔城市阿西尔乡上一棵树村野拍到的雪鸮

【雪鸮】

深冬季节，只要有好天气，我常外出到塔尔巴哈台雪原拍摄各类野生动物。有一次竟然在塔城市阿西尔乡的一棵树村东部雪野，拍摄到到了非常稀有的白色猫头鹰。这种猫头鹰叫雪鸮，又名白鸮、查干、乌盖勒、雪猫头鹰、白夜猫子，是鸱鸮科的一种大型猫头鹰。

由于雪鸮分布在高纬度和高海拔的寒冷地区，因而通体几乎为纯白色，体羽端部近黑色，因而在头顶、背部、双翅、下腹遍布黑色扇形斑点，而雌鸟和幼鸟的黑色斑点更多；无其他鸮类常见的耳状羽。雪鸮与很多鸮类不同的是，在很多地域栖息的雪鸮属于昼行性鸟类，白天活动晚上休息，偶尔也在黄昏后捕猎。

雄性雪鸮的羽毛随着年龄的增长会越来越白，部分年老的雪鸮全身会接近纯白色，而雌性雪鸮身上的一些斑点终身不消失。它们是独居、划定地盘的鸟类，在食物充足的年份里，一平方公里中平均只会有两对雪鸮，而在食物匮乏的年份里则会更少。冬季时雌鸟会定居一处并划分地盘，而且会保卫领地，阻止外来者入侵，直到春天它们才会离开此地向北迁徙。

【白尾海雕】

白尾海雕又叫白尾雕、芝麻雕、黄嘴雕等，是大型猛禽，体长约为85厘米，头及胸浅褐，嘴黄而尾白。翼下近黑的飞羽与深栗色的翼下成对比。嘴大，尾短呈楔形。飞行似鹫，与玉带海雕的区别在尾全白。幼鸟胸具矛尖状羽但不成翎颌如玉带海雕。体羽褐色，不同年龄具不规则锈色或白色点斑。虹膜黄色；嘴及蜡膜黄色；脚黄色。叫声响亮，似小狗或黑啄木鸟叫声。

白尾海雕雄鸟和雌鸟的叫声明显不同。它们白天活动，显得懒散，常蹲立几个小时不动。飞行时振翅缓慢。主要栖息于江河湖海附近的广大沼泽地区及某些岛屿。常单独或成对在水面上空飞翔，飞翔时两翅平直，轻轻扇动一阵翅膀后开始短暂滑翔，能快速扇动双翅加速。停栖在岩石或地面上休息，有时也长时间停立在乔木枝头。繁殖期喜欢在有高大树林的水域或森林地区的开阔湖泊及河流地带活动。非繁殖季节，有时可离水很远，活动于草原或海拔1000米以上的高山上。主要以鱼类为食，常在水面低空飞行，发现鱼后用爪伸入水中抓鱼。此外也吃野鸭、大雁、天鹅、雉鸡、鼠类、野兔、狍子等，有时还吃动物尸体，在冬季食物缺乏时，偶尔也攻击家禽和家畜。

白尾海雕是一个很强的猎手，常通过在空中翱翔和滑翔搜寻猎物，有些会跟金雕争夺食物。在繁殖期间，若有胎儿，每天大约需要500—600克的食物。冬季时活动量减少，食量就会降至每天200—300克左右。白尾海雕忍耐饥饿的本领也是猛禽中较强的，可以连续多天不进食。由于环境污染和乱捕滥猎等因素，白尾海雕种群数量在它分布的大多数地区已明显减少。

凶猛的白尾海雕

【塔城草滩拍蛎鹬】

2008年4月18日，塔额盆地遭遇到了初春的"倒春寒"天气，晚上下了稍许夹杂着雪花的雨。雨过天晴，蓝天如洗，白云朵朵，但气温却突降至-4度左右，使人感到阵阵寒意。而这种突变天气对于摄影人来说，意味着有更大的机缘遇到奇景。

清晨我决定前往塔尔巴哈台山，车行至卡浪古尔河阿西尔乡西河坝沿的草滩，突然发现了一种黑白相间的鸟（黑白搭配确实是一种永恒的美），我试图慢慢靠近，使鸟能进入有效摄距内。但稍靠近点它就飞开，但飞不多远就停下。不知是由于迁徙至此遇到这种天气不适应，还是因为饥饿和劳累，这样如拉锯战般反复了几次，终于抓拍上了几张画质清晰的图片。

回到家后查阅资料，才了解到自己所拍的这种鸟名叫蛎鹬，并了解到蛎鹬的分布情况。蛎鹬为不常见的季候鸟，分布在祖国的东南和东南沿海等地区。在新疆的天山、阿勒泰的额尔齐斯河和乌伦古湖一带有少量分布。在塔城盆地的干草滩上遇到蛎鹬可谓奇遇，今天所见到的蛎鹬可能是迁徙途中走失的两只"迷鸟"。能在塔城盆地拍到这种水鸟实属幸运。

说起"鹬"，人们自然会联想到"鹬蚌相争"的成语典故，大意是说海边的鹬鸟与海蚌互相争斗，相持不下，而让渔翁不费吹灰之力得利。事实上，蛎鹬的红喙细而坚硬，尖端侧扁，喙角质性强，像凿子一样，完全可以插进蚌壳，使蚌神经瘫痪后取食蚌肉。

该物种已被列入国家林业局2000年8月1日发布的《国家保护的有益的或者有重要经济、科学研究价值的陆生野生动物名录》。

早春时节在塔城喀浪古尔河干河坝草滩拍摄的蛎鹬

早春时节在塔城喀浪古尔河干河坝草滩拍摄的蛎鹬

野苹果树上的紫翅椋鸟

【草原上的捕蝗兵团——椋鸟】

夏季，我们来到巴尔鲁克山和玛依勒山之间的萨孜湖草原。这是塔尔巴哈台地区最有名的大草原，也是北四县牧人赖以为生的季节性迁徙的大本营。萨孜草原大致呈东西走向，草原面积大约100多万亩的开阔谷地，谷地最低处有一片雪水和众多泉水汇集形成的大面积湿地，每年春夏季在湿地东北方向会形成一个水域面积不小的湖泊。当地哈萨克人称为"萨孜"，以湿地为核心的是面积达60余万亩辽阔大草原。

萨孜草原平均海拔2100米，草原植被主要有针茅、狐茅、苔草、沙葱、芨芨草等。绝大多数植物都是优良牧草。优越的天然

八九月份的椋鸟群

环境，不仅是游牧民生产生活的理想家园，同时也给蝗虫提供了适宜的生存空间。西伯利亚蝗和小翅曲背蝗就是萨孜草原的传统害虫，在干旱少雨的年份最易发生严重蝗虫灾害。

自然界很奇妙，萨孜草原易生虫害，自然就会招来了大量的神秘克星，它们的数量随着蝗虫数量而变化，这就是蝗虫的天敌、被牧民称为草原"捕蝗能手"的椋鸟。

每年5—6月份，粉红椋鸟就会成群结队地迁飞至繁殖地萨孜草原，而这段时间又是萨孜草原蝗虫极易大爆发的季节。椋鸟有喜结大群活动的习性，于是，有时在萨孜草原就会看到成千上万的大群椋鸟在草原翻飞捕食蝗虫的草原奇观。

用人工方法招引野生粉红椋鸟灭蝗，是1970年以后人类发现的最佳生物治蝗方法之一。萨孜草原在20世纪90年代末开始探索人工用石块堆筑鸟巢招引椋鸟灭蝗，到2001年，椋鸟灭蝗已经完全取代了化学药物灭蝗。据资料统计：2008年5月20号前后，来到萨孜草原繁殖的椋鸟有8万只，7月中下旬椋鸟离开时，数量已经达到了20万只。人工利用生物治蝗取得丰硕成果，现今的萨孜草原已经被自治区相关部门列为新疆生物防治蝗虫示范区。

在塔城地区分布有粉红椋鸟和紫翅椋鸟两种。

粉红椋鸟是迁徙性候鸟，属国家二级保护鸟类，它们形似巴哥，但背部及腹部粉红色，余羽棕黑，十分可爱。粉红椋鸟冬季栖息在欧洲东部及亚洲中西部，5月便迁徙到至新疆西部繁衍生息。粉红椋鸟以蝗虫为主食，且食量惊人，每天捕食蝗虫近200

六月份巴尔鲁克山山南萨孜草原的粉红椋鸟群

巴尔鲁克山山南成千上万的粉红椋鸟群

只，成为生物灭蝗的主力军。5—6月份，粉红椋鸟就会成群结队地迁飞至繁殖地，先在食物丰富的低山地带落脚，然后集群占据石头堆、崖壁缝隙等处选择巢址。为了争夺有利地势，雄鸟之间经常发生激战。雄鸟头顶上部羽毛蓬展，用以恐吓其他雄鸟并吸引雌鸟。通过数日的选配，最终组建"一夫一妻制"的家庭，开始共同筑巢，准备繁育后代。

粉红椋鸟每年繁殖一代，每窝产卵3—8枚，孵化15天后雏鸟破壳而出，经父母喂养15—20天后才随父母离巢，离巢后还需要父母喂养一段时间，并跟随父母学习捕食本领。粉红椋鸟食量很大，每天进食量超过了自己本身的体重。雏鸟成长过程中好胃口，甚至超过成鸟食量。

紫翅椋鸟为我国西北地区常见的候鸟。野外观察，通体黑色，闪有紫铜色和暗绿色的金属光泽。

在巴尔鲁克山西侧草原所遇见的椋鸟群

每一天粉红椋鸟捕捉大量的蝗虫

在废弃石块堆巢中喂食幼鸟

在塔尔巴哈台生活的紫翅椋鸟数量多，喜集群生活，有时也与粉红椋鸟混群活动。平时分成小群，聚集在耕地上啄食，每遇骚扰，即飞到附近的树上。喜栖息于树梢或较高的树枝上，在阳光下沐浴、理毛和鸣叫。杂食性，以黄地老虎、蝗虫等为食。5—6月繁殖，往往集群营巢，巢营在村内尾檐下、峭壁裂隙、塔内以及天然的树洞中。巢以稻草、树叶、草根、芦苇、羽毛等编成。每年繁殖一次，每窝产4—7枚卵，孵卵期12天，亲鸟每天育雏95—328次，且有时一次衔数条虫返巢育雏。这也是紫翅椋鸟能大量消灭害虫的原因。

2008年6月18号，一个天气晴朗的日子，我在库鲁斯台草原腹地茂密的深草丛中漫无目的地行走，寻找偶遇野生动物的机会。几个小时过去了一无所获，正犹豫是否继续深入时，突然成千上万的紫翅椋鸟从草原深草丛中飞起，遮天蔽日，场面蔚为壮观。

2011年的5月23日，我陪同北京来的客人沿边境公路（中国—哈萨克斯坦）前往博州途中，在裕民县别克什萨依的一个废弃的破羊圈子，看见附近许多随意散落着弃石堆，成了粉红椋鸟栖息繁衍后代的理想家园，在此地拍摄了粉红椋鸟育雏鸟的情景。当我们一行到达巴尔鲁克山西侧的沟谷时，这里刚下过一场不小的阵雨，此时的别勒喀拉草原碧空如洗，青翠欲滴，白云像棉山一样向巴尔鲁克山涌去。车辆翻越加曼铁热克特河谷，爬上山梁就看到铺天盖地的椋鸟聚集成巨大的一团，飞快地移动。若不细看，还以为是一团梦幻般的黑云在空中盘旋。能够亲眼目睹这样的惊人图像，得"归功"于一只盘旋的草原鸢（鹰的一种）。这是粉红椋鸟们团结起来抵御掠食者的战斗场面。我们一行震惊万分，连忙拍下这神奇的荒野奇观。

在塔尔巴哈台广袤大地生活着大量的椋鸟，这些椋鸟食量惊人，为保护草原，防止草原发生大面积"蝗害"起到很大的作用。生物灭蝗比喷洒农药灭蝗省成本，又保护生态环境，所以人们也亲切地称椋鸟为"草原上的灭蝗兵团"。

塔城库鲁斯台草原老柳树林中的蓝胸佛法僧

【蓝胸佛法僧】

塔尔巴哈台的春夏季（4—7月），是这块土地最美丽的时光，也是我们摄影人最忙碌的日子。我们隔三差五在各个高山夏牧场和荒野奔波，外出时常会在路两边，修路时开挖山体形成的黄土断崖壁、草原围栏网和电线杆上发现一种体型较大的鸟，它的腹部呈蓝色，背部呈铁红色，色彩十分艳丽。这种美丽鸟有一个奇怪的名字——"蓝胸佛法僧"。

有关它的名字有两种说法：在我国常见的蓝胸佛法僧，因它羽毛的颜色与寺庙和尚的袈裟颜色相近，这种鸟有时会在一些佛教寺院的大树上栖息、筑巢，因此人们形象地称之为"佛法僧"；另一种说法是佛法僧的叫法来自于日本，在日本的平安时代（中国的唐朝时期），人们常在寺院的林中听到一种鸟重复地发三个音节的叫声，把它意会成"布、颇、梭"，就是日本话"佛、法、僧"的读法，于是人们就把这种青绿色的鸟称作"佛法僧"。日本最负盛名的高僧之一空海法师，就有一首《后夜闻佛法僧鸟》诗："闲林独坐草堂晓，三宝之声闻一鸟。一鸟有声人有心，声心云水俱了了。"

全世界共有8种佛法僧，中国有蓝胸佛法僧和棕胸佛法僧两种。羽色华丽无斑杂，雌雄外形相似；嘴长，强壮而直。蓝胸佛法僧背面赭棕黄，下体淡蓝或绿色。在中国分布于新疆北部、西部和天山地区。棕胸佛法僧背面橄榄绿色，腹面棕色，见于西藏南部和云南省大部。

佛法僧飞行迅速，但在地面不甚敏捷。一般在地面觅食，主要取食大型昆虫，有时也吃软体动物、小型啮齿类、蜥蜴、蛙类和小鸟等，是对农林业有益的鸟。成鸟一雌配一雄，集群营巢。各巢之间的距离一般很小，在树洞、陡崖、冲沟、河岸或建筑物的裂隙、房檐下筑巢。在草原则挖洞为巢，洞深约60厘米，巢内有时有干草、树叶等，一般无铺垫。每窝产卵4—6枚。卵近圆形，呈灰白色。

塔城库鲁斯台草原飞翔的蓝胸佛法僧

　　蓝胸佛法僧是佛法僧目、佛法僧科的鸟类，体长30厘米，通体大多蓝绿色，嘴黑而粗长，前额及眼前浅棕，喉与胸棕绿色。它们雌雄成对生活，由雌鸟筑巢，一般每年6月初产卵，孵卵期18—19天。孵出的雏鸟全身赤裸，由双亲共同饲喂，26—28天后羽毛才能丰满，雏鸟在雌鸟的带领下飞出鸟巢，到草地上学习捕捉虫子为食。它经常出没于绿洲、农田、草原等地。秋末佛法僧集群迁徙于南方越冬。

　　佛法僧也擅长捕捉蝗虫，据专家称，它一天吃下的昆虫总重量比自己的体重还重，由于它能大量地消灭害虫，被草原牧民誉为"草原灭蝗能手"。

站在枯树枝上的蓝胸佛法僧

忙于哺育幼鸟的黄喉蜂虎

春天草原上的黄喉蜂虎

已结为伴侣的黄喉蜂虎

【黄喉蜂虎】

黄喉蜂虎主要栖于山脚和开阔平原地区有树木生长的悬岩、陡坡及河谷地带，冬季有时也出现在平原丛林、灌木林，甚至芦苇沼泽地区。在山脚、耕地、湖泊等开阔地带，常见成对或小群栖息于电线、灌木的露天位置，伺机突袭空中飞过的昆虫。捕获时即绕圈飞回原位，夜间则集群栖于树上、灌木上，有时甚至栖于湖沼或河边的芦苇上。飞行姿态优美，拍翼和滑翔交替，前进路线直，而略有上下波动，常伴随着响亮悦耳带颤音的叫声。

黄喉蜂虎，中等体型（28厘米），色彩亮丽，背部金色显著，喉黄，具狭窄的黑色前领，下体余部蓝色，颈、头顶及枕部栗色。幼鸟中央尾羽无延长，背绿色。虹膜红色，嘴黑色，脚灰褐色。脚短，跗跖的前缘披有盾状鳞，后缘则被有网状鳞。三趾向前，一趾向后，前三趾的基部略微相并合，被称为"并趾型"。

黄喉蜂虎的繁殖期在5—7月。常成群在一起繁殖，群的大小由数对到近百对，很少单独成对繁殖的。通常营巢于高陡的河岸、悬岩和沟谷地带。巢呈隧道状，雌雄亲鸟轮流用嘴挖掘，挖出的泥土用脚向后刨出。巢洞末端扩大，为产卵的巢室。每个巢

站在洞口等待亲鸟喂食的幼鸟

洞挖掘时间大约需要经过10—20天才能完成。巢室无任何内垫物，直接产卵于巢室内地上。年繁殖1窝，每窝产卵通常为5—6枚。卵白色。雌雄鸟轮流孵卵，以雌鸟为主，孵化期大约20天。雏鸟晚成性，雌雄亲鸟共同育雏。

黄喉蜂虎的食物包括蝗虫、甲虫、蛾类、蝇类、蜂类、蜻蜓等昆虫，尤其爱吃黄蜂。黄喉蜂虎在吃蜂类时，就像是在耍杂技表演，它会用长喙把黄蜂在空中来回翻转，然后用喙挤压出黄蜂的针刺，再喂食幼鸟。

黄喉蜂虎喜结群，常优雅地盘桓于开阔原野上空觅食昆虫，振翼极快。为新疆北部及天山西部的罕见鸟。

首次在南湖湿地水泡子拍摄到的翠鸟

【翠鸟】

翠鸟属于佛法僧目翠鸟科的一属，鸟纲翠鸟科。常栖息于溪涧边，以鱼为食，营巢在岸旁洞穴中，为留鸟。

翠鸟自额至枕蓝黑色，密杂以翠蓝横斑，背部辉翠蓝色，腹部栗棕色。头顶有浅色横斑。嘴和脚均赤红色。从远处看很像啄木鸟。因背和面部的羽毛翠蓝发亮，因而通称翠鸟。

中国的翠鸟有3种：斑头翠鸟、蓝耳翠鸟和普通翠鸟。最后一种常见，分布也广。翠鸟天性孤独，常独自直挺地停息在近水的低枝和芦苇上，有时也停息在岩石上，伺机捕食鱼虾等，因而又有"鱼虎"、"鱼狗"之称。

首次在南湖湿地水泡子拍摄到的翠鸟

巴尔鲁克山喀拉尕依苏河畔林区拍摄到的白翅啄木鸟　　　　巴尔鲁克山林区拍摄到的白翅啄木鸟

【啄木鸟】

2008年5月7日,阳光明媚，我和朋友一起来到裕民县巴尔鲁克山的喀拉尕依苏河畔一处古树参天的原始古山杨密林里。虽说时令已是立夏，但是这里树木的枝叶还没有完全舒展变得翠绿。初夏的阳光透过淡绿的枝叶，星星点点洒在满是鲜花的黑土地上。除了美景，最有趣的是在林间飞来飞去欢快鸣叫的鸟儿们。

静静的密林深处，不时传来哗哗的流水声。忽然，稍近的古树后传来"梆、梆、梆"敲击树干的连续声响。我拿起相机凑上前去，果然在一棵枯死的大树干上，发现了这只翼合拢时具有大块的白色区域、体型小巧的攀禽。回家后查阅《中国鸟类野外手册》，得知这种鸟名叫白翅啄木鸟，属全球性近危物种。

2012年12月，在塔城市区山楂树间拍摄冬季觅食的田鸫鸟时，无意间又与白翅啄木鸟再次邂逅，再次印证了白翅啄木鸟在塔尔巴哈台地区为留鸟的推断。

首次在塔城冬季拍摄到的白翅啄木鸟　　　　与白翅啄木鸟略有区别的白背啄木鸟

夏季站在枝头的杜鹃

【大杜鹃】

每年春夏之交，不管路经塔额盆地哪个村庄，总能听到"布谷、布谷……"的鸣音，声音低沉，富有节奏，可常常只闻其声，不见其踪。

2008年5月16日下午，我驱车到附近乡村，看看是否有摄影"收获"。沿着喀拉喀巴克乡水库边的一条简易公路向东，一路上走走停停，顺手拍到些鹊鸲、山雀之类的小鸟。当走在恰合吉牧场附近的一条林带时，看到路边电线杆上站着一只体长大约28厘米左右、背部灰色的大鸟，正放慢车速准备细看，蓦然听到它发出"布谷、布谷"的声音，我大喜过望，莫非这就是塔城人常说的布谷鸟？可车刚停稳，相机镜头盖还未打开，那只鸟却振翅飞走了。沿着鸟飞的方向，我驱车跟上去，好在林带两边是空旷的原野，林带里的榆树长得不高，视线较好，一路紧追慢赶，终于发现这只灰色的大鸟又停在前边的电线上，这次我吸取教训，采取用小油门慢速度向鸟靠近。反复多次终于近前一睹芳容，并拍得照片数张。

回到家后，翻开资料对照后才明白，这就是在中国分布很广的杜鹃。说起杜鹃鸟、杜鹃花大家都知道，而知道这种鸟在不同地区叫声不同者很少。杜鹃在新疆塔城一带叫声为"布谷、布谷"，而在四川叫声类似"民贵呀、民贵呀"，在陕西关中一带叫声似为"算黄、算割"。

关于杜鹃的历史典故，最有名的是"杜鹃啼血，子归哀鸣"。关于大杜鹃，即农村家喻户晓的"布谷鸟"，还有一个凄婉的故事。据说，古代蜀地有一位名叫杜宇的国君，在位期间教民务农，很得人心。后来被害死，冤魂化为杜鹃。每当春末夏初的清晨，它就会提醒人们"布谷"、"布谷"。而其鸣声，似有诉不尽的哀怨，引来无数骚人墨客的愁思。

还有一个传说版本：相传古蜀国帝杜宇，号望帝，在亡国后死去。其魂化为"子规"，即杜鹃鸟，对故国念念不忘，每每深夜在山中哀啼，其声悲切，乃至于泪尽而啼血……而啼出的血，便化成了杜鹃花。种种传说给大杜鹃鸟蒙上了神秘和传奇色彩。

2009年的8月18日，我陪新疆作家代表团在巴尔鲁克山、东塔斯特河谷（原地区林场）采风。8月的巴尔鲁克山，山南已是草枯山黄。翻山越岭来到塔斯特河谷，却是另一番独有的山林静地，山谷两面山坡苍松翠柏郁郁葱葱，河谷茂密的树林间一条清泉发出哗哗的流水声，愈发显得静谧幽深。

我们顺着河谷慢慢向上游走去，不时看到路边裸露的盘虬卧龙般的树根，苍劲屹立着的枝叶翁翠的红松。在一处坑洼地带，还发现了一副完整的野生马鹿骨架，昔日活蹦乱跳的生命已成为森森白骨，只有那双美丽的大角，仿佛还在向来者诉说自己那曾经辉煌岁月的美丽和记忆。据野外经验判断，这只马鹿很可能在下山喝水时遭到狼群的突袭而死亡。它的鹿角还在原地，可以说明不是被人类猎杀。

正在为这逝去的荒野生命遗憾时，耳边忽然传来时断时续的鸟鸣声，循声望去，只看到满眼莽苍无际的松树山林，鸟鸣戛然而止，四周一片寂静。不一会儿，那不同寻常的叫声又传了过来，根据声音大小判断，这只鸟肯定离我们不会

秋季的杜鹃

太远。我小心翼翼地向鸟鸣的方向靠近，发现一只背羽红棕灰斑纹的大杜鹃，在松枝上对着哗哗的河水哀鸣，声音急促而凄厉。好奇心促使我上前一探究竟，只见它又笨拙地飞向面前的河边一块巨石上，张着血色的大口继续哀鸣。这时，奇迹出现了，我看见一只看起来与这只杜鹃毫无关系的身材娇小的灰鹡鸰鸟，嘴上满衔着昆虫，来给这只比自己体型大几倍的杜鹃喂食。灰鹡鸰鸟不厌其烦地不停往返，有时饥饿贪婪的大杜鹃张开大口，几乎要把小鹡鸰的头整个含住，让我都替鹡鸰捏了把汗。

　　这副镜头证实了杜鹃孵卵寄生性的奇特特征。它将卵产于其他鸟类的巢中，靠养父母孵化和育雏。杜鹃所产的卵和寄主鸟类的卵相似，因此减少了寄主抛弃它的可能。据说雌杜鹃在产卵前会用心寻找伯劳或鹡鸰等鸟的巢穴，选定目标后，便很响地拍打着自己的翅膀，恫吓正在孵卵的小鸟，这些体形小的鸟类往往被这"庞然大物"吓得弃巢而逃（杜鹃体形较大，和灰背隼有点近似）。杜鹃把自己的卵放在其他鸟巢中，让其他鸟类替自己孵化。有时还会把其他鸟类的蛋吃掉或扔掉。杜鹃的蛋比其他鸟类早出壳。小杜鹃出生后，就用自己尚未发育健全的翅膀支撑，用头和尾将巢内的其它鸟蛋顶出巢去，直至剩下自己一个为止。因为得到了"养父母"的充足的喂养，小杜鹃长得很快，直到有一天突然不辞而别，决绝地飞离寄养自己的巢穴。

在塔城乌拉斯台河畔林中拍摄到的灰鹡鸰喂杜鹃

站在松树枝上的杜鹃

书籍中记载杜鹃有"巢寄生"现象，但从未亲眼目睹这种景象。2009年8月18日，我在巴尔鲁克山东塔斯特河谷拍片时，曾听到鸟叫循声找去，拍摄并亲历了灰鹡鸰成鸟代哺体形比自己大七至八倍的杜鹃真实场景。现选择6幅图片以飨读者。

春季在库鲁斯台草原上觅食的戴胜

【戴胜】

每年的四五月份，天气转暖，草木萌发。在塔尔巴哈台的前山草原，库鲁斯台草原次生柳树林区生活着一种美丽的鸟。春季发情期站在乡村房檐上，或在幽静的树林里不停地鸣叫，以吸引雌鸟的注意。平时自由自在地在草丛间觅食，常用弯长的鸟喙插进土里翻掘、啄食昆虫、蚯蚓、蝼蛄等。一旦受惊，立即飞向附近的高处。性情较为温顺，不太怕人。翱翔飞行的姿态很像一只展翅的花蝴蝶，一起一伏呈波浪式前进，边飞边鸣，叫声"咕，咕咕，咕咕"，十分奇特，也颇为风趣。

戴胜幼鸟

这种鸟名叫戴胜，又名山和尚、咕咕翅、鸡冠鸟、臭姑姑等。头顶有醒目的羽冠，平时褶叠倒伏不显，受惊直竖时像一把打开的折扇，随同鸣叫时起时伏。嘴细长且往下弯曲。全身羽毛淡棕色，羽冠顶端黑色。戴胜鸟外表华丽好看，实际上并不讲卫生。巢内雏鸟孵出后的卵壳可能已被缺少钙质的亲鸟吃掉或衔出巢外，但是却从不清理窝内堆积的雏鸟粪便，因此弄得巢内污秽不堪。加上雌鸟在孵卵期间，会从尾部的尾脂腺里分泌一种具有恶臭的褐色油液，臭气四溢，想必这就是它"臭姑姑"俗称的由来。

塔城库鲁斯台草原开阔的次生林地，有大量戴胜分布。它有时栖息在郊野的树干上，有时也长时间伫立在农舍房顶或墙头。大多单独或成对活动，很少见到聚集成群。戴胜是当地的候鸟，数量虽然不多，但是比较常见。每年五六月份繁殖，常选择天然树洞和啄木鸟凿空的蛀树孔营巢产卵，有时也会因陋就简，建巢于岩石缝隙、堤岸洼坑、断墙残垣的窟窿中。

秋季在牧区牧人家门口的戴胜

春季站在山杨树上的槲鸫

辛苦捉虫哺育幼鸟的槲鸫

【槲鸫】

槲鸫体型比欧歌鸫大，雄鸟和雌鸟外形相似。虹膜为褐色，喙黑色，基部黄色，背部深灰褐色，胸腹黄或白色，比欧歌鸫浅很多，并密布有黑色斑点，尾羽外侧尖端、翼下及覆羽边缘白色，脚为粉褐色。雌鸟似雄鸟

据资料记录，槲鸫为候鸟，冬天会从北方飞到南方越冬，迁徙时会形成小型鸟群。但据我多年拍摄观察，槲鸫为留鸟。就是在零下三十几度的严寒天气，仍在塔城各乡村挂满寒霜的沙枣树上觅食生活。

槲鸫种群数量稀少。亚种繁殖于新疆西南部及西北部的天山。

槲鸫是杂食性鸟类，以多种昆虫、蚯蚓、蛞蝓和浆果为食，尤其喜食槲寄生的果实，故因此而得名。冬季时槲鸫会占据果树，并且拒绝其他种类的鸫前来觅食。槲鸫生性胆小谨慎，站立时体态正直。树上筑巢，在以草叶、草根和泥土编织，内铺有干草的杯状巢中产卵，一窝4—5枚卵，卵白色，上有灰褐或红褐色斑点。

槲鸫叫声为干涩颤音及凄郁的下降笛音，不如欧歌鸫的鸣声婉转。雄性会在树木、屋顶或高高的栖木上发出响亮婉转的鸣叫，一般是在多雨的早春。

塔城冬季的槲鸫（正面）

塔城冬季的槲鸫（背面）

塔城山楂树上觅食的田鸫

【田鸫】

体型略大的田鸫，灰色的头及腰部与栗褐色的背部成对比，下体白，胸及两肋布满黑色纵纹，两肋附着不同程度的赤褐，尾深色虹膜褐色，嘴黄色，脚深褐。田鸫繁殖于北欧至西伯利亚，越冬至南欧、北非、中东、印度北部及中国西部。种群数量稀少。田鸫喜喧闹，常成群活动，栖于林地及旷野。

在零下三十几度的严寒天气，塔城乡村荒野依然能见到田鸫鸟在此越冬觅食的美丽身影。

最有趣的是田鸫育雏的情景，雄鸟和雌鸟有明显区别。雄鸟一般每次只带回少量的虫子，站在窝边看哪只雏鸟喂起来方便，一次把所有食物投进一只小鸟的嘴里，然后迅速离去，从往返次数看，也明显比雌鸟少。而雌鸟则很细心尽责，每次回来都衔着很多条虫子，站在窝边等小鸟们张开嘴，依次分给大家，每只小鸟都有份，而且不会马上离去，在孩子们尽享美食的时候，它打扫巢内的卫生，清理小鸟的粪便。开始看到会以为雌鸟把那些粪便叼走扔掉了，但后来才真切地发现，雌田鸫把那些粪便吞下吃了。原来，随着小鸟不断长大，进食量增加，雌鸟宁愿自己挨饿，甚至以吞咽幼鸟粪便充饥，也要让孩子们填饱肚子茁壮成长。

零下三十度严冬任在塔城乡野沙枣树上觅食的田鸫

【太平鸟】

　　深冬季节的塔城乡村，老百姓大多数已在自己暖和的房子过起了闲适的"窝冬"日子。住在远离塔城市区的库鲁斯台草原、奥布森生态保护区的哈萨克族朋友带来消息，邀请几位好友去吃"冬宰肉"。大伙出发的日子，刚好遭遇到了塔城的寒流天气。气温已下降到零下二十几度，行至路途，沿路不时还能看到形单影只的灰斑鸠、槲鸫、乌鸫鸟在霜枝间觅食残留树梢的沙枣。

　　走了大约二十多公里的路程，就来到了朋友在奥布森的家里。我们又一同前往朋友托了汗的家，他们一家人热情地招呼大家盘腿坐在铺着花毡的热炕上，铺着桌布的炕桌上摆满包尔萨克、酥油和一碗碗热气腾腾的奶茶。托了汗一家虽说住的是土房子，但在勤劳能干的女主人精心收拾下，整洁亮堂并富有浓浓的哈萨克民俗特色。在这冰天雪地的荒原能有这样一处让人心灵放松的温暖之地，感到无比幸运。

　　喝奶茶时主人介绍：奥布森保护区栽种的大面积沙枣树已经长起来了，最近招来成千上万的鸟儿，那种带凤头的鸟最好看。我当即来了精神，想去看看到底是什么鸟，女主人说："不急！不急！房子旁边的老沙枣树上多的是，这些鸟根本不怕人。"出门去看果然有许多鸟在树枝间觅食。拍摄几组放大后细心查看，原来这就是资料图片上的太平鸟。

　　太平鸟属小型鸣禽，全身基本上呈土灰褐色，头部色深呈栗褐色，头顶有一细长呈簇状的羽冠，一条黑色贯眼纹从嘴基经眼到后枕，位于羽冠两侧，在栗褐色的头部极为醒目。颏、喉黑色。翅具白色翼斑，次级飞羽羽干末端具红色滴状斑。尾具黑色次

塔城乡野沙枣树上的太平鸟

端斑和黄色端斑。太平鸟特征极明显，数量众多，体态优美、鸣声清柔，为冬季园林内的观赏鸟类。寿命大约13年。

　　太平鸟耐寒能力强，就是零下30度的酷寒天气仍然坚强地生活在冬栖地。太平鸟夏天怕热，天气变热后会自然迁徙前往凉爽的地区繁殖后代，这也是在夏季在塔城看不到太平鸟的原因。每年的寒冬季节在新疆塔尔巴哈台地区乡间公路边种植的沙枣林、山楂树上有大量的太平鸟栖居，尤其在塔城市奥布森退耕还林的广大沙枣林中，有成千上万只美丽的太平鸟冬栖。

额敏县阿克苏水库春季拍摄到的普通鸬鹚

【普通鸬鹚】

2009年4月9日，我前往额敏县东南的阿克苏水库拍摄到了成群的"鱼鹰"图片。当时感到非常惊讶：生活在南方的鱼鹰怎么会出现在干旱的西北，而且还有这么大的种群？查阅资料并对照所拍摄图片才得知，我拍摄的鸟是普通鸬鹚。

普通鸬鹚全长80厘米，全身为带有紫色金属光泽的蓝黑色。嘴厚重，眼及嘴的周围欠缺羽毛，裸露的皮肤呈黄色，裸出部分的周围有幅宽广的白带。上背、肩羽为暗赤褐色，羽缘为黑色。生殖时期腰之两侧各有一个三角形白斑。头部及上颈部份有白色丝状羽毛，后头部有一不很明显的羽冠。鸬鹚俗称鱼鹰，属鸟纲鹈形目鸬鹚科，中国有5种，几乎遍布全国各地。

塔城市喀拉哈巴克乡水库秋季迁徙鸟群中的鸬鹚

水泡子飞翔的普通鸬鹚

在库普草原偶遇到受伤的鸬鹚

塔城市市郊鱼塘拍摄到的与普通鸬鹚略有区别的鸬鹚

　　鸬鹚很少鸣叫，繁殖期发出带喉音的咕哝声，群栖时，彼此间为争夺有利位置发生纠纷时会发出低沉的"咕、咕咕"声，其他时候无声。鸬鹚平时栖息于河川和湖沼中，也常低飞，掠过水面。飞时颈和脚均伸直。飞行姿态与雁类相似，常成群排成人字形飞行。

　　普通鸬鹚单独或结群在水中捕鱼。趾间有蹼相连，善于游泳和潜水。饱食后在陆地或树上休息时，常伸展双翅在阳光下晾晒羽毛。在中国中部和北部繁殖，大群聚集青海湖。普通鸬鹚在岩崖或高树上繁殖。造巢的材料粗糙，用树枝、鱼骨头、海藻和杂草做成，里面铺有细草，是一种有棱有角的六边形的"房子"。每年初夏进入繁殖期，其繁殖生态与家鹅相似。1个月左右可孵出雏鸟。双亲一起哺育雏鸟，它们捕食回巢后站在雏旁张开大嘴，雏鸟将嘴伸入亲鸟喉部衔出未消化完的食物。

　　鸬鹚捕鱼本领高超，会快速潜泳在水中用尖端带钩的嘴捕捉鱼类，自古就被人们驯养用来捕鱼。在云南、广西、湖南等地，现在仍有人驯养鸬鹚捕鱼。

　　以往在影片中经常可看到狭长的小船上伫立着几只或十多人工训练过的鸬鹚（俗名鱼鹰、水老鸭）辛勤地劳动，帮助渔民捕鱼。渔民将小船划到鱼多处，船上一排排鸬鹚离船飞出，在水中游来游去，一会潜入水中，一会又浮上水面，可称得上鸟类中潜水冠军，用圆锥形带钩的嘴去捕捉小鱼。若遇到大鱼时，会二三只齐力完成，有的啄头，有的衔尾，把它连推带衔到船边，以使渔民立即用网捕捉。一只鸬鹚一年可捕鱼500千克以上。

　　普通鸬鹚栖息于河流、湖泊、池塘、水库、河口及其沼泽地带。常成小群活动。善游泳和潜水。游泳时颈向上伸的很直，头微向上倾斜，潜水时首先半跃出水面，然后再翻身潜入水下。飞行时头颈同前伸直，脚伸向后，两翅煽动缓慢，飞行较低，常掠水面而过。休息时常站在水边岩石上或树上，呈垂直坐立姿式，并不时扇动两翅。

　　由于长期大量被捕捉和环境遭破坏，普通鸬鹚野生种群数量已变得很稀少。

【白鹭】

白鹭又名老等、唐白鹭等，是一种中型涉禽。雌鸟比雄鸟略小。它的姿态十分优雅，身体纤瘦而修长，嘴、颈、脚均很长，身体轻盈，有利于飞翔。它披着一身一尘不染的白色羽毛，显得高傲冷峻。

白鹭的羽毛价值高，羽衣多为白色，繁殖季节有颀长的装饰性婚羽。习性与其他鹭类大致相似，但有些种类有求偶表演，包括炫示其羽毛。

白鹭是涉禽，常去沼泽地、湖泊、潮湿的森林和其他湿地环境，捕食浅水中的小鱼、两栖类、爬虫类、哺乳动物和甲壳动物。在乔木或灌木上，或者在地面筑起凌乱的大巢。喜食鱼、甲壳动物和昆虫。以各式鱼虾为主食，觅食时会用一只脚在水中踩踏。

白鹭成大群营巢，又无防御能力，因人类的滥捕几乎濒于绝灭。如今人们已采取严格的保护措施，白鹭的数量又有所增加。

塔城南湖湿地飞翔的白鹭

湿地水泡子悠闲散步的白鹭

冬季在额敏河畔越冬，因受惊起飞的雌天鹅

【天鹅】

　　天鹅指天鹅属的鸟类，属游禽。除非洲、南极洲之外的各大陆均有分布。为鸭科中个体最大的类群。颈修长，超过体长或与身躯等长；嘴基部高而前端缓平，眼先裸露；尾短而圆，尾羽20—24枚；蹼强大，但后趾不具瓣蹼。喜欢群栖在湖泊和沼泽地带，主要以水生植物为食。多数是一夫一妻制，相伴终生。求偶的行为丰富，雌雄会趋于一致的做出相同的动作，还会体贴地互相梳理羽毛。幼鸟为早成雏。迁徙时会多群集结。这几年春夏季在塔城盆地有少量栖息，就是在冬季也有少量的天鹅在额敏河泉水窝子越冬。

水塘子的雄天鹅

水塘子的黑水鸡　　　　　　　　　　　　　　　　　　南湖水泡子的黑水鸡

【黑水鸡】

　　黑水鸡，又名红冠水鸡或红骨顶鸡，是中型涉禽全长约33厘米。体羽全为青黑色，仅两肋有白色细纹形成的线条以及尾下有两块白斑。下腹有白色羽缘。上嘴基至额甲鲜红色，额甲端部圆形。尾下覆羽两侧白色，中间黑色，游泳时尾向上翘露出尾下两块白斑，十分明显。多见于湖泊、池塘及运河，栖水性强，常在水中漫漫游动，从水面蜉蝣植物间翻拣找食。也取食于开阔草地，不善飞，起飞前先在水中助跑很长距离。黑水鸡栖息在有水生植物的淡水湿地、水域附近的芦苇丛、灌木丛、草丛、沼泽和稻田中。不耐寒，一般不在咸水中生活，喜欢有树木或挺水植物遮蔽的水域，不喜欢很开阔的场所。

　　黑水鸡常成对或成小群活动。善游泳和潜水，遇人立刻游进苇丛或草丛，或潜入水中到远处再浮出水面，能潜入水中较长时间和潜行达10米以上，能仅将鼻孔露出水面进行呼吸而将整个身体潜藏于水下。游泳时身体浮出水面很高，尾常常垂直竖起，并频频摆动。只在危急情况下才起飞，一般不做远距离飞行，飞行速度缓慢，也飞得不高，常常紧贴水面飞行，飞不多远又落入水面或水草丛中。

　　黑水鸡繁殖于新疆西部北部的阿勒泰，塔城等地的湿地和湖泊。为较常见夏候鸟。

塔城南湖苇塘子的黑水鸡（红骨顶鸡）

孵窝的白骨顶鸡

白骨顶鸡卵

起飞的白骨顶鸡

【白骨顶鸡】

白骨顶又名骨顶鸡，全长约39厘米。白骨顶鸡是中型游禽，像小野鸭，常在开阔面上游泳。

白骨顶鸡体羽全黑或暗灰黑色，多数尾下覆羽有白色，上体有条纹，下体有横纹。两性相似。身体短而侧扁，以利于在浓密的植物丛中穿行。头小，颈短或适中。尾短、尾端方形或圆形，常摇摆或翘起尾羽以显示尾下覆羽的信号色。通常腿趾均细长，有后趾，用来在漂浮的植物上行走，趾两侧延伸成蹼用来游泳。

白骨顶鸡在新疆各大水域、湿地均有分布，主要栖息地是沼泽，在距水面不高的密草丛中筑巢。繁殖生活于北方，迁南方过冬。对栖息地的选择较广，有湿地、草地、森林和灌丛等生活型，在非繁殖季节通常单个栖息，繁殖季节为季节性配对或家庭栖息，但在结群物种中为群居，在秋、冬季最明显。

白骨顶鸡常成群活动于低海拔平原的湖泊、池塘、稻田、沼泽等地，以浮萍、稻谷、昆虫和小鱼等为食。繁殖期用苇蒲、苔草作成简陋碗状巢，每窝产卵7—12枚，卵青灰或灰白，有棕褐斑。雌雄共同孵卵，孵化期24—26天。

南湖水泡子带雏鸡的白骨顶鸡

塔城城东湿地的凤头麦鸡成鸟　　　　　　　　　　　　　　　　　　　湿地中的凤头麦鸡亚成鸟

【凤头麦鸡】

　　每年春季，在塔城的城郊外的各大小湿地，凤头麦鸡会在这里繁衍生息。凤头麦鸡属中型涉禽，是体型略大的黑白色麦鸡。具长而窄的黑色反翻形凤头。上体具绿黑色金属光泽，尾白而具宽的黑色次端带。头顶色深，耳羽黑色，头侧及喉部污白。胸近黑。腹白。虹膜褐色，嘴近黑。腿及脚橙褐。凤头麦鸡雄鸟夏羽额、头顶和枕黑褐色。

　　凤头麦鸡的雌鸟和雄鸟基本相似，但头部羽冠稍短，喉部常有白斑。凤头麦鸡在塔尔巴哈台地区的繁殖期为4-6月。一雌一雄制，通常成对或成松散的小群在一起营巢。多营巢于草地或沼泽草甸边的盐碱地上，巢甚简陋，利用地上凹坑或将地上泥土扒成一圆形凹坑即成，内无铺垫或仅垫少许苔草茎和草叶。5月初开始产卵，卵呈梨形或尖卵圆形，灰绿色或米灰色、被有不规则的黑褐色斑点，卵产齐后即开始孵卵，雌雄鸟轮流承担，以雌鸟为主，孵化期25-28天。雏鸟早成性，最有趣的是出壳后的雏鸟第二天即能离巢行走，而且奔跑迅速，遇人后先急速奔跑，然后隐藏在湿地杂草根部一动不动，亲鸟则在空中来回飞行拼命鸣叫，试图

遇到危险趴在地上躲避天敌的麦鸡雏鸟　　　　　　自由自在地在湿地觅食的雏鸟　　　　　　体形比乒乓球稍大的麦鸡雏鸟

半月左右的麦鸡幼鸟

塔城市城东湿地拍摄到的生长大约20天左右的雏鸟

吸引天敌离开。

凤头麦鸡栖息于低山丘陵、山脚平原和草原地带的湖泊、水塘、沼泽、溪流和农田地带。常成群活动，特别是冬季，常集成数十至数百只的大群。善飞行，常在空中上下翻飞，有时也栖息于水边或草地上，当人接近时，常伸颈注视，发现有危险立即起飞。飞行速度较慢，两翅迟缓的煽动，飞行高度也不高。

塔尔巴哈台湿地最常见的是凤头麦鸡，这也是所有麦鸡中在中国分布最北的一种。

深秋季节在塔城南湖湿地拍摄到的凤头麦鸡

塔城市拉巴湖凤头䴙䴘

【凤头䴙䴘】

　　凤头䴙䴘是一种游禽。也是体型最大的一种䴙䴘，雄鸟和雌鸟比较相似，像鸭子一样大小，嘴又长又尖，从嘴角到眼睛还长着一条黑线。它的脖子很长，向上方直立着，通常与水面保持垂直的姿势。夏季时头的两侧和颊部都变为白色，前额和头顶却是黑色，头后面长出两撮小辫一样的黑色羽毛，向上直立，所以被叫做凤头䴙䴘。

　　凤头䴙䴘繁殖期间主要栖息在开阔的平原、湖泊、江河、水塘、水库和沼泽地带，尤其喜欢富有水生植物和鱼类的大小湖泊和水塘，也出现在山区湖泊和水塘开阔的水面。善游泳和潜水。游泳时颈向上伸得很直，和水面保持垂直姿式。活动时频频潜水，每次潜水时间在20—30秒。最长可在水下停留50秒左右。飞行较快，两翅鼓动有力，但在地上行走困难。

　　4—6月为凤头䴙䴘的繁殖期。通常营巢于距水面不远的芦苇丛和水草丛中。成对分散营巢或成小群在一起营巢，巢属于浮巢，漂浮在水面。通常弯折部分芦苇或水草作巢基，再用芦苇和水草堆集而成。巢为圆台状态，似一截顶圆锥体。顶部稍为凹陷卵刚产出时为纯白色，孵化以后逐渐变为污白色。卵的形状为椭圆形。第一枚卵产出后即开始孵卵，孵卵由雌雄亲鸟轮流承担。雏鸟已成型，孵化后不久即能下水游泳和藏匿。

　　凤头䴙䴘主要以各种鱼类为食，也吃昆虫、昆虫幼虫、虾、喇咕、甲壳类、软体动物等水生无脊椎动物，偶尔也吃少量水生

凤头䴙䴘和幼鸟

植物。

　　凤头䴙䴘春季最早迁到塔城的繁殖地的时间在4月中下旬，大量出现在6月中旬。秋季迁离繁殖地的时间在10月中旬，亦有迟至11月初才迁走。迁徙时常成对或成小群，但近年来种群数量明显减少。

塔城南湖水泡子的黑颈䴙䴘

【黑颈䴙䴘】

　　黑颈䴙䴘是一种游禽。中等体型，身长约30厘米。繁殖期成鸟具松软的黄色耳簇，耳簇延伸至耳羽后，前颈黑色，嘴较角上扬。冬羽，与角的区别在嘴全深色，且深色的顶冠延至眼下。颊部白色延伸至眼后呈月牙形，飞行时无白色翼覆羽。

红额金翅

红额金翅

棕枕山雀

大山雀

站在阿魏草上的褐头鹀

栗腹叽鹋

夏季的欧金翅雀

冬季的欧金翅雀

喂食幼鸟的沙即

沙即雄鸟

塔城荒漠野雀

苍头燕雀

长尾雀

寒冬塔城老柳树林中生活的旋木雀

柴堆上的家燕幼鸟

克孜贝提村站在枝头的家八哥　　　　　　家八哥　　　　　　　　　　　家燕

塔城寒冬中的锡嘴雀　　　　　　　　　　在枝头上觅食的锡嘴雀

中杓鹬

小青脚鹬

红脚鹬

藏在草丛中的丘鹬

黑翅长脚鹬

沙锥　　　　　　　　　　　　　　　　　　　　　　　　拉巴湖湿地金斑鸻

黑尾塍鹬

领燕鸻   滨鹬   塔斯提河乌

灰斑鸻鸟   金眶鸻

塔城湿地大黄脚鹬

棕头鸥

细嘴鸥

长脚鹬亚成鸟

黑翅长脚鹬

凤头潜鸭

反嘴鹬

在托里萨孜湖栖息的各种鸟类

夏季站在树枝上的雀鹰

早秋时节草原上正在换羽的金雕

夏季塔尔巴哈台草原吃动物死尸的毛脚鵟

秋季在塔城荒原拍摄到的金雕、喜鹊、乌鸦共享一种食物的情景

冬季塔城南湖的鹞

小乌雕

飞翔的草原鸢（民间俗称老鹰）

飞翔的鵟（普通鵟）

荒漠鵟

飞翔的燕隼

飞翔的鸢

捕猎的鸢

捕猎的黑耳鸢

冬季的鵟

准备起飞的鵟

飞翔的草原雕

展开双翼的金雕

展开双翼的鵟

站在山顶上的苍鹰

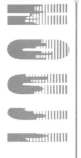

　　美丽的塔尔巴哈台幅员辽阔，独特的地形地貌、多样性的气候特点，造就了富集多样的生态环境。塔城广袤的地域有高山、草原、大漠、湿地和沟谷荒原等，有些地方人迹罕至，受人类活动影响较小，其原始的生态环境保持尚好。这就给各种野生动物提供了良好的栖息繁衍场所。这里栖有中国西部稀有的野生动物资源，其野生动物种类之多、种群数量之大、类型之特殊、珍稀价值之高，实属罕见。

　　所有动物都有人类所不熟知的灵性，某些方面甚至比人类更优异。野生动物和人类是平等的，在我们共同生活的这块美丽大地上，它们也是这个美丽家园不可缺少的重要成员。

　　在塔尔巴哈台经济高速发展、城镇化进程不断加快的今天，野生动物的栖息环境不断受到侵占和威胁，大量的野生动物面临生存困境，甚至有消亡的风险。剥夺它们生存权，其实也是在慢慢剥夺我们的生存权。如果野生动物消失殆尽，人类岂能独善其身？

　　塔尔巴哈台独有的生态环境十分珍贵，许多年来，人们一直与野生动物保持着密切的共生共荣和相互依存的关系。如今，维护生态环境平衡，保护濒临物种，更应当成为所有人的共识和天职。

　　配合图片记录的这些小记，是我多年来行走于塔尔巴哈台荒野，邂逅并拍摄的动物生灵过程留有的美好记忆和引发我思考的点滴感悟。希望此书能唤起人们的保护意识，愿我们的子孙后代也能随时真实地看到自然，看到那些比人类更早栖息于此的美丽生灵，而不仅仅是在画册上。

　　《荒野传奇》一书终于脱稿了，从有想法到拍摄告一段落，花费了将近八年的时间。八年拍摄期间，行走于包容、厚重、大美的塔尔巴哈台大地，对这块美丽的热土产生了无以言喻的深厚情感，对这片土地上生活着的野生动物情有独钟，同时也为它们不断恶化的生存环境产生深深的忧虑。著名诗人艾青《我爱这土地》正好可以表达我这份复杂的心情：

　　假如我是一只鸟，
　　我也应该用嘶哑的喉咙歌唱：
　　这被暴风雨所打击着的土地，
　　这永远汹涌着我们的悲愤的河流，
　　这无止息地吹刮着的激怒的风，
　　和那来自林间的无比温柔的黎明……
　　然后我死了，
　　连羽毛也腐烂在土地里面。
　　为什么我的眼里常含泪水？
　　因为我对这土地爱得深沉……

（此书能顺利完稿得益于塔城各界诚挚好友给予的大力支持和帮助，特此一并致谢！）